Guia Oficial Raspberry Pi
para Iniciantes, 5ª Edição

Guia Oficial Raspberry Pi para Iniciantes
por Gareth Halfacree
ISBN: 978-1-912047-98-7
Copyright © 2024 Gareth Halfacree
Impresso no Reino Unido
Publicado por Raspberry Pi, Ltd., 194 Science Park, Cambridge, CB4 0AB

Editores: Brian Jepson, Liz Upton, Tatiane de Lima, Phil King, Nicola King
Tradutor: Alpha CRC
Designer de interiores: Sara Parodi
Produção: Nellie McKesson
Fotógrafo: Brian O'Halloran
Ilustrador: Sam Alder
Editores gráficos: Natalie Turner
Diretor de publicação: Brian Jepson
Chefe de design: Jack Willis
CEO: Eben Upton

Outubro de 2024: Quinta edição
Novembro de 2020: Quarta edição
Novembro de 2019: Terceira edição
Junho de 2019: Segunda edição
Dezembro de 2018: Primeira edição

Índice

Apêndice

Guia Oficial Raspberry Pi para Iniciantes

Achamos que você vai adorar o seu Raspberry Pi. Qualquer que seja o modelo que você tenha — uma placa Raspberry Pi padrão, a compacta Raspberry Pi Zero 2 W ou o Raspberry Pi 400 com teclado integrado — este computador acessível pode ser usado para aprender codificação, construir robôs e criar todos os tipos de coisas estranhas e projetos maravilhosos.

Raspberry Pi é capaz de fazer todas as coisas que você espera de um computador — desde navegar na Internet e jogar até assistir filmes e ouvir música. Mas o seu Raspberry Pi é muito mais do que um computador moderno.

Com um Raspberry Pi você pode entrar direto no coração de um computador. Você pode configurar seu próprio sistema operacional e conectar fios e circuitos diretamente aos pinos GPIO. Ele foi projetado para ensinar os jovens a programar em linguagens como Scratch e Python, e todas as principais linguagens de programação estão incluídas no sistema operacional oficial. Com Raspberry Pi Pico, você pode criar projetos discretos e de baixo consumo de energia que interagem com o mundo físico.

O mundo precisa de programadores mais do que nunca, e o Raspberry Pi despertou o amor pela ciência da computação e pela tecnologia em uma nova geração.

Pessoas de todas as idades usam Raspberry Pi para criar projetos emocionantes: desde consoles de jogos retrô até estações meteorológicas conectadas à Internet.

Portanto, se você deseja criar jogos, construir robôs ou hackear uma variedade de projetos incríveis, este livro está aqui para ajudá-lo a começar.

Você pode encontrar exemplos de código e outras informações sobre este livro, incluindo erratas, em seu repositório GitHub em **rptl.io/bg-resources**. Se você encontrou o que acredita ser um engano ou erro no livro, informe-nos usando nosso formulário de envio de erratas em **rptl.io/bg-errata**.

Sobre o autor

Gareth Halfacree é jornalista freelance de tecnologia, escritor e ex-administrador de sistemas no setor educacional. Apaixonado por software e hardware de código aberto, ele foi um dos primeiros a adotar a plataforma Raspberry Pi e escreveu diversas publicações sobre seus recursos e flexibilidade. Ele pode ser encontrado no Mastodon como **@ghalfacree@mastodon.social** ou através de seu site em **freelance.halfacree.co.uk**.

Colofão

Raspberry Pi é uma maneira acessível de fazer algo útil ou divertido.

Democratizar a tecnologia — fornecer acesso a ferramentas — tem sido nossa motivação desde o início do projeto Raspberry Pi. Ao reduzir o custo da computação de uso geral para menos de US$ 5, abrimos a possibilidade para qualquer pessoa usar computadores em projetos que costumavam exigir quantias proibitivas de capital. Hoje, com a remoção das barreiras de entrada, vemos computadores Raspberry Pi sendo usados em todos os lugares, desde exposições interativas em museus e escolas até escritórios nacionais de triagem postal e centrais de atendimento governamentais. As empresas de mesas de cozinha em todo o mundo conseguiram crescer e obter sucesso de uma forma que simplesmente não era possível num mundo onde a integração da tecnologia significava gastar grandes somas em computadores portáteis e PCs.

O Raspberry Pi elimina o alto custo de entrada na computação para pessoas de todos os grupos demográficos: embora as crianças possam se beneficiar de uma educação em computação que antes não estava aberta a elas, muitos adultos também foram historicamente impedidos de usar computadores para negócios, entretenimento e criatividade. Raspberry Pi elimina essas barreiras.

Raspberry Pi Press

store.rpipress.cc

Raspberry Pi Press é sua estante essencial para computação, jogos e criação prática. Somos o selo editorial da Raspberry Pi Ltd, parte da Raspberry Pi Foundation. Da construção de um PC à construção de um gabinete, descubra sua paixão, aprenda novas habilidades e crie coisas incríveis com nossa extensa variedade de livros e revistas.

MagPi

magpi.raspberrypi.com

The MagPi é a revista oficial Raspberry Pi. Escrito para a comunidade Raspberry Pi, ele contém projetos com o tema Pi, tutoriais de computação e eletrônica, guias de procedimentos e as últimas notícias e eventos da comunidade.

Capítulo 1

Conheça o Raspberry Pi

Apresentamos seu novo computador do tamanho de um cartão de crédito. Faça uma visita guiada do Raspberry Pi, aprenda como funciona e descubra algumas das coisas fantásticas que você pode fazer com ele.

O Raspberry Pi é um dispositivo notável: um computador totalmente funcional numa embalagem minúscula e de baixo custo. Se estiver procurando um dispositivo que possa usar para navegar na Internet ou jogar, quiser aprender a escrever seus próprios programas ou a criar seus próprios circuitos e dispositivos físicos, o Raspberry Pi e sua fantástica comunidade oferecem apoio em cada etapa do percurso.

O Raspberry Pi é conhecido como um *computador de placa única*, ou seja: é um computador, tal como um desktop, um notebook ou um smartphone, mas construído numa única *placa de circuito impresso*. Tal como a maioria dos computadores de placa única, o Raspberry Pi é pequeno, ocupa aproximadamente o mesmo espaço que um cartão de crédito, mas isso não significa que não seja potente: um Raspberry Pi consegue fazer tudo o que um computador maior e com mais potência faz, incluindo navegar na Internet, jogar e controlar outros dispositivos.

A família Raspberry Pi nasceu do desejo de encorajar uma abordagem mais prática ao ensino de informática em todo o mundo. Os seus criadores, que se juntaram para formar a Raspberry Pi Foundation, uma organização sem fins lucrativos, não faziam ideia de que se tornaria tão popular: os poucos milhares construídos para testar o mercado em 2012 esgotaram imediatamente e mais de cinquenta milhões foram enviados para todo o mundo nos anos seguintes. Estas placas foram parar em casas, salas de aula, escritórios, centros de dados, fábricas e até barcos e satélites autônomos.

Desde o Model B original, foram lançados vários modelos, cada um com especificações melhoradas ou funcionalidades específicas para um determinado caso de utilização. A família Raspberry Pi Zero, por exemplo, é uma versão minúscula do Raspberry Pi de tamanho normal que elimina algumas funcionalidades, em particular as várias portas USB e a porta de rede com fios, e introduz um esquema significativamente menor e com requisitos de potência reduzidos.

No entanto, todos os modelos Raspberry Pi têm uma coisa em comum: são *compatíveis*, o que significa que a maior parte do software desenvolvido para um modelo funciona em qualquer outro modelo. Até é possível executar a versão mais recente do sistema operacional do Raspberry Pi num protótipo original do Model B anterior ao lançamento. Funciona mais lentamente, é verdade, mas ainda vai funcionar.

Neste livro, você aprenderá sobre o Raspberry Pi 4 Model B, o Raspberry Pi 5, o Raspberry Pi 400 e o Raspberry Pi Zero 2 W: as versões mais recentes e mais potentes do Raspberry Pi. Tudo o que aprender pode ser facilmente aplicado a outros modelos da família Raspberry Pi, por isso, não se preocupe se estiver usando um modelo ou revisão diferente.

RASPBERRY PI 400

Se você tiver um Raspberry Pi 400, a placa de circuitos está integrada à caixa do teclado. Continue lendo para conhecer todos os componentes do Raspberry Pi ou pule para «Raspberry Pi 400» a página 10 para fazer uma visita guiada do dispositivo de mesa.

RASPBERRY PI ZERO 2 W

Se você tiver um Raspberry Pi Zero 2 W, algumas das portas e componentes parecem diferentes quando comparados ao Raspberry Pi 4 Model B. Continue lendo para saber a função de cada componente ou pule para «Raspberry Pi Zero 2 W» a página 11 para conhecer melhor o dispositivo.

Visita guiada do Raspberry Pi

Ao contrário de um computador tradicional, que esconde seu funcionamento interno numa caixa, um Raspberry Pi normal tem todos os seus componentes, portas e funcionalidades expostos, embora você possa comprar uma caixa para fornecer proteção extra, se preferir. Isso faz com que ele seja uma ótima ferramenta para aprender o que fazem as várias partes de um computador e também torna mais fácil aprender a posição dos elementos quando chegar a hora de ligar as várias outras peças de hardware, conhecidas como *periféricos*, dais quais você vai precisar para começar.

A **Figura 1-1** mostra um Raspberry Pi 5 visto de cima. Quando estiver usando um Raspberry Pi com este livro, tente manter a mesma orientação das imagens, caso contrário, você pode se confundir quando for usar coisas como o cabeçalho GPIO (detalhado no Capítulo 6, *Computação física com Scratch e Python*).

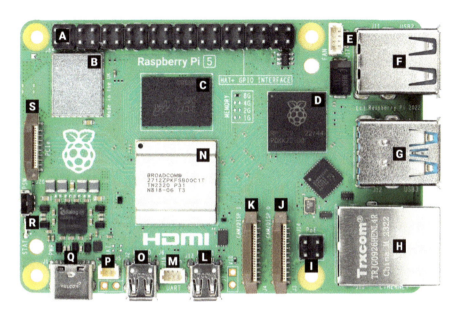

Figura 1-1   Raspberry Pi 5

A	Cabeçalho GPIO	**K**	Câmera CSI/DSI/display port 1
B	Módulo de conexão sem fio	**L**	Micro HDMI 1
C	RAM	**M**	Conector para porta série UART
D	Chip controlador de E/S RP1	**N**	Sistema em um chip
E	Conector para ventoinha	**O**	Micro HDMI 0
F	USB 2.0	**P**	Cabeçalho da bateria do RTC
G	USB 3.0	**Q**	Entrada de alimentação USB C
H	Porta Ethernet	**R**	Botão ligar/desligar
I	Pinos Power-over-Ethernet (PoE)	**S**	Conector para PCI Express (PCIe)
J	Câmera CSI/DSI/display port 0		

Embora possa parecer que há uma quantidade enorme de coisas numa placa tão pequena, um Raspberry Pi é muito simples de entender, começando pelos seus *componentes*, os mecanismos internos que fazem o dispositivo funcionar.

Componentes do Raspberry Pi

Como qualquer computador, o Raspberry Pi é constituído por muitos componentes com um papel a desempenhar no seu funcionamento. O primeiro, e sem dúvida o mais importante, encontra-se logo à esquerda do ponto central da placa (**Figura 1-2**), coberto por uma tampa metálica: é o *sistema em um chip* (SoC).

O nome "sistema em um chip" é um bom indicador do que você encontraria se retirasse a tampa metálica: um chip de silício, conhecido como *circuito integrado*, que contém a maior parte do sistema do Raspberry Pi. Esse circuito integrado inclui uma *unidade de processamento central* (CPU), normalmente considerada como o "cérebro" de um computador, e uma *unidade de processamento gráfico* (GPU), que trata da renderização visual e da apresentação num ecrã.

No entanto, um cérebro não é bom sem memória; mesmo por cima do SoC, você encontra exatamente isso: um pequeno chip retangular preto, coberto de plástico (consulte a **Figura 1-3**). Essa é a *memória de acesso aleatório (RAM)* do Raspberry Pi. Quando você está trabalhando no Raspberry Pi, é a RAM que conserva o que está fazendo. Ao salvar seu trabalho, ela transfere estes dados para o armazenamento mais permanente do cartão microSD. Juntos, esses componentes formam a *memória volátil* e a *memória persistente* do Raspberry Pi: a memória RAM volátil perde seu conteúdo sempre que o Raspberry Pi perde energia, enquanto a memória persistente no cartão microSD conserva o conteúdo.

Figura 1-2
Sistema em um chip (SoC) do Raspberry Pi

Figura 1-3
Memória de acesso aleatório (RAM) do Raspberry Pi

No canto superior esquerdo da placa você encontra outra tampa metálica (**Figura 1-4**) que cobre o *rádio*, o componente que dá ao Raspberry Pi a capacidade de comunicar sem fios com dispositivos. De fato, o próprio rádio desempenha o papel de dois outros componentes comuns: um *rádio Wi-Fi* que se conecta a redes informáticas; e um *rádio Bluetooth* que se conecta periféricos como mouses e envia ou recebe dados de dispositivos inteligentes próximos, como sensores ou smartphones.

Outro chip preto, coberto com plástico e marcado com o logotipo Raspberry Pi, encontra-se no lado direito da placa, junto das portas USB (**Figura 1-5**). Este é o *RP1*, um chip controlador de E/S personalizado que comunica com as quatro portas USB, a porta Ethernet e a maioria das interfaces de baixa velocidade para outro hardware.

Figura 1-4
Módulo de rádio do Raspberry Pi

Figura 1-5
Chip controlador RP1 do Raspberry Pi

Você encontra outro chip preto, menor do que os restantes, um pouco acima do conector de alimentação USB-C, no canto inferior esquerdo da placa (**Figura 1-6**). Este é conhecido como um *circuito integrado de gestão de energia (PMIC)*; ele retira a energia que vem da porta USB-C e transforma-a na energia de que o Raspberry Pi precisa para funcionar.

O último chip preto, por baixo do RP1 e posicionado num ângulo saliente, ajuda o RP1 a lidar com a porta Ethernet do Raspberry Pi. Ele fornece o que é conhecido como *Ethernet PHY*, fornecendo a interface *física* que se situa entre a porta Ethernet propriamente dita e o controlador Ethernet no chip RP1.

Não se preocupe se isto parecer muito complicado: você não precisa saber o que é cada componente ou onde encontrá-lo na placa para usar o Raspberry Pi.

Portas do Raspberry Pi

O Raspberry Pi tem uma série de portas, começando com quatro *portas Universal Serial Bus (USB)* (**Figura 1-7**) no meio e no canto superior direito. Estas portas permitem conectar qualquer periférico compatível com USB, como teclados, mouses, câmeras digitais e pen drives, ao Raspberry Pi. Em termos

Figura 1-6
Circuito integrado de gestão de energia (PMIC) do
Raspberry Pi

técnicos, existem dois tipos de portas USB no Raspberry Pi, cada uma rela-
cionada com uma norma Universal Serial Bus diferente: as que têm plástico
preto no interior são portas USB 2.0, e as que têm plástico azul são portas USB
3.0, mais recentes e mais rápidas.

Ao lado das portas USB encontra-se uma *porta Ethernet*, também conhecida
como *porta de rede* (**Figura 1-8**). Você pode usar esta porta para conectar o
Raspberry Pi a uma rede de computadores com fios; para isso, use um cabo
que precisa de um conector RJ45. Se olhar atentamente para a porta Ethernet,
você verá dois diodos emissores de luz (LEDs) na parte inferior. São luzes de
estado que acendem ou piscam para informar que a conexão está funcionando.

Figura 1-7
Portas USB do Raspberry Pi

Figura 1-8
Porta Ethernet do Raspberry Pi

Logo à esquerda da porta Ethernet, na extremidade inferior do Raspberry Pi,
há um *conector Power-over-Ethernet (PoE)* (**Figura 1-9**). Este conector, quando emparelhado com o Raspberry Pi 5 PoE+ *HAT, Hardware Attached on Top*,
uma placa adicional especial concebida para o Raspberry Pi, e um interruptor
de rede adequado com capacidade PoE, permite alimentar o Raspberry Pi a
partir da porta Ethernet sem precisar conectar nada ao conector USB Tipo C.
O mesmo conector também está disponível no Raspberry Pi 4, embora numa

localização diferente; o Raspberry Pi 4 e o Raspberry Pi 5 usam HATs diferentes para suporte PoE.

Diretamente à esquerda do conector PoE está um par de conectores de aspecto estranho com abas de plástico que você pode puxar para cima; estes são os *conectores da câmera e da ecrã*, também conhecidos como *portas Camera Serial Interface (CSI) e Display Serial Interface (DSI)* (**Figura 1-10**).

Figura 1-9
Conector Power-over-Ethernet do Raspberry Pi

Figura 1-10
Conectores da câmera e ecrã do Raspberry Pi

Você pode usar estes conectores para conectar um monitor compatível com DSI, como o Raspberry Pi Touchscreen Display ou a família Módulo câmera Raspberry Pi especialmente criada (consulte a **Figura 1-11**). Você aprenderá mais sobre os módulos de câmera no Capítulo 8, *Módulos de câmera do Raspberry Pi*. Qualquer uma das portas pode funcionar como entrada de câmera ou saída de ecrã, então você pode usar duas câmeras CSI, dois ecrã DSI ou uma câmera CSI e um ecrã DSI com um único Raspberry Pi 5.

À esquerda dos conectores da câmera e do ecrã, ainda na extremidade inferior da placa, encontram-se as *portas micro High Definition Multimedia Interface (micro HDMI)*, que são versões menores dos conectores que você encontra num console de jogos, num decodificador ou numa TV (**Figura 1-12**). A parte "multimídia" no nome significa que transporta sinais de áudio e vídeo, e "alta definição" significa que você pode esperar uma excelente qualidade de ambos os sinais. Você vai usar estas portas micro HDMI para conectar o Raspberry Pi a um ou dois dispositivos de visualização, como um monitor de computador, uma TV ou um projetor.

Entre as duas portas micro HDMI encontra-se um pequeno conector chamado "UART", que dá acesso a uma *porta série UART (Universal Asynchronous Receiver-Transmitter)*. Você não vai usar essa porta neste livro, mas pode precisar dela no futuro para comunicar com projetos mais complexos ou para resolução de problemas.

Figura 1-11
Módulo câmera do Raspberry Pi

Figura 1-12
Portas micro HDMI do Raspberry Pi

À esquerda das portas micro HDMI encontra-se outro pequeno conector chamado "BAT", ao qual você pode conectar uma pequena bateria para manter o *relógio de tempo real (RTC)* do Raspberry Pi funcionando, mesmo quando está desligado da fonte de alimentação. No entanto, você não precisa de uma bateria para usar o Raspberry Pi, uma vez que este atualiza automaticamente o relógio quando é ligado, desde que tenha acesso à Internet.

No canto inferior esquerdo da placa encontra-se uma *porta de alimentação USB-C* (**Figura 1-13**), utilizada para fornecer energia ao Raspberry Pi através de uma fonte de alimentação USB-C compatível. A porta USB-C é um elemento comum em smartphones, tablets e outros dispositivos portáteis. Embora você possa usar um carregador de smartphone padrão para alimentar o Raspberry Pi, para obter os melhores resultados, use a fonte de alimentação USB-C oficial do Raspberry Pi: é melhor para lidar com as mudanças repentinas nos requisitos de energia que podem ocorrer quando o Raspberry Pi funciona de forma intensiva.

Na extremidade esquerda da placa há um pequeno botão virado para fora. É o novo *botão ligar/desligar* do Raspberry Pi 5, com o qual você pode desligar em segurança o Raspberry Pi quando terminar de usá-lo. Este botão não está disponível no Raspberry Pi 4 ou em placas mais antigas.

Acima do botão ligar/desligar encontra-se outro conector (**Figura 1-14**) que, à primeira vista, parece uma versão menor dos conectores CSI e DSI. Este conector quase familiar conecta-se ao *bus PCI Express (PCIe) do Raspberry Pi*, uma interface de alta velocidade para hardware adicional, como unidades de estado sólido (SSD). Para usar o bus PCIe, você vai precisar do complemento Raspberry Pi PCIe HAT para converter este conector compacto num *slot M.2-standard PCIe* mais comum. No entanto, você não precisa do HAT para utilizar plenamente o Raspberry Pi, por isso, ignore este conector até precisar dele.

Figura 1-13
Porta de alimentação USB Tipo C do Raspberry Pi

Figura 1-14
Conector do Raspberry Pi para PCI Express

Na extremidade superior da placa encontram-se 40 pinos metálicos, divididos em duas filas de 20 pinos (**Figura 1-15**). Estes pinos constituem o *cabeçalho GPIO (entrada/saída de uso geral)*, uma funcionalidade importante do Raspberry Pi que lhe permite comunicar com hardware adicional, incluindo LEDs, botões, sensores de temperatura, joysticks e monitores de frequência cardíaca. Você vai aprender mais sobre o cabeçalho GPIO no Capítulo 6, *Computação física com Scratch e Python*.

Há mais uma porta no Raspberry Pi, mas você só a verá quando virar a placa. Aqui, na parte de baixo da placa, você encontra um *conector para cartão microSD* posicionado quase exatamente por baixo do conector do lado superior assinalado "PCIe" (**Figura 1-16**). Esse conector é para o dispositivo de armazenamento do Raspberry Pi: o cartão microSD inserido aqui contém todos os arquivos que você salva, todo o software que instala e o sistema operacional que faz o Raspberry Pi funcionar. Também é possível executar o Raspberry Pi sem um cartão microSD carregando o respectivo software através da rede, de uma unidade USB ou de um SSD M.2. Para este livro, vamos manter as coisas simples e nos concentrar na utilização de um cartão microSD como dispositivo de armazenamento principal.

Figura 1-15
Cabeçalho GPIO do Raspberry Pi

Figura 1-16
Conector do cartão microSD do Raspberry Pi

Raspberry Pi 400

O Raspberry Pi 400 usa os mesmos componentes do Raspberry Pi 4, incluindo o sistema em um chip e a memória, mas coloca-os dentro de uma caixa de teclado conveniente. Além de proteger os componentes eletrônicos, a caixa de teclado ocupa menos espaço na mesa e ajuda a manter os cabos arrumados.

Embora você não possa ver facilmente os componentes internos, você *pode* ver as peças externas, começando pelo próprio teclado (**Figura 1-17**). No canto superior direito estão três diodos emissores de luz (LEDs): o primeiro acende quando a tecla **Num Lock** é apertada, que muda algumas das teclas para agir como o teclado numérico de dez teclas num teclado de tamanho normal; o segundo acende quando a tecla **Caps Lock** é apertada, que torna as teclas letras maiúsculas em vez de minúsculas; e o último acende quando o Raspberry Pi 400 está ligado.

Figura 1-17   O Raspberry Pi 400 tem um teclado integrado

Na parte de trás do Raspberry Pi 400 (**Figura 1-18**) encontram-se as portas. A porta mais à esquerda é o cabeçalho de entrada/saída de uso geral (GPIO). Este é o mesmo cabeçalho mostrado na **Figura 1-15**, mas invertido: o primeiro pino, Pino 1, está no canto superior direito, enquanto o último pino, Pino 40, está no canto inferior esquerdo. Saiba mais sobre o cabeçalho GPIO no Capítulo 6, *Computação física com Scratch e Python*.

Junto do cabeçalho GPIO está o slot para cartões microSD. Assim como o slot na parte inferior do Raspberry Pi 5, este contém o cartão microSD que serve de armazenamento para o sistema operacional, aplicativos e outros dados do Raspberry Pi 400. Um cartão microSD vem pré-instalado no Raspberry Pi 400 Personal Computer Kit. Para retirá-lo, empurre suavemente o cartão até ouvir um clique. O cartão se soltará até a metade, então puxe o cartão até retirá-lo completamente. Ao inserir o cartão novamente, certifique-se de que os contatos metálicos brilhantes estejam virados para baixo. Empurre o cartão com cuidado até ouvir o clique, que significa que está na posição correta.

Figura 1-18 As portas encontram-se na parte de trás do Raspberry Pi 400

As duas portas seguintes são as portas micro HDMI, utilizadas para conectar um monitor, TV ou outro ecrã. Assim como o Raspberry Pi 4 e o Raspberry Pi 5, o Raspberry Pi 400 suporta até dois ecrãs HDMI. Junto destas portas encontra-se a porta de alimentação USB-C, utilizada para conectar uma fonte de alimentação oficial Raspberry Pi ou qualquer outra fonte de alimentação USB-C compatível.

As duas portas azuis são portas USB 3.0, que fornecem uma conexão de alta velocidade a dispositivos como unidades de estado sólido (SSDs), cartões de memória, impressoras e muito mais. A porta branca à direita é uma porta USB 2.0 de baixa velocidade, que você pode usar para o Raspberry Pi Mouse incluído com o Raspberry Pi 400 Personal Computer Kit.

A última porta é uma porta de rede Ethernet gigabit, utilizada para conectar o Raspberry Pi 400 à rede com um cabo RJ45 como alternativa à utilização do rádio Wi-Fi incorporado no dispositivo. Leia mais sobre como conectar o Raspberry Pi 400 a uma rede em Capítulo 2, *Comece a usar seu Raspberry Pi*.

Raspberry Pi Zero 2 W

O Raspberry Pi Zero 2 W (**Figura 1-19**) foi projetado para oferecer muitas das mesmas funcionalidades que os outros modelos da família Raspberry Pi, mas com um design muito mais compacto. É mais barato e consome menos energia, mas também não tem algumas portas que se encontram nos modelos maiores.

Figura 1-19   Raspberry Pi Zero 2 W

Ao contrário do Raspberry Pi 5 e do Raspberry Pi 400, o Raspberry Pi Zero 2 W não tem uma porta Ethernet com fios. Você ainda pode conectá-lo a uma rede, mas apenas através de uma conexão Wi-Fi. Você aprenderá mais sobre como conectar o Raspberry Pi Zero 2 W a uma rede em Capítulo 2, *Comece a usar seu Raspberry Pi*.

Note também uma diferença no sistema em um chip: é preto em vez de prateado e não há um chip de RAM separado visível. Isso se deve ao fato de as duas partes, SoC e RAM, estarem combinadas num único chip, marcado com um logotipo Raspberry Pi gravado e colocado quase no meio da placa.

Mais à esquerda da placa há o habitual slot para cartões microSD para armazenamento e, por baixo, uma única porta mini HDMI para vídeo e áudio. Ao contrário do Raspberry Pi 5 e do Raspberry Pi 400, o Raspberry Pi Zero 2 W só suporta um único ecrã.

À direita estão duas portas microUSB: a porta da esquerda, marcada com "USB", é uma porta USB On-The-Go (OTG) compatível com adaptadores OTG para conectar teclados, mouses, hubs USB ou outros periféricos; a porta da direita, marcada com "PWR IN", é o conector de alimentação. Não é possível usar uma fonte de alimentação projetada para o Raspberry Pi 4 ou Raspberry Pi 400 com o Raspberry Pi Zero 2 W, uma vez que usam conectores diferentes.

No canto direito da placa está uma Camera Serial Interface que pode ser usada para conectar um Módulo câmera Raspberry Pi. Você aprenderá mais sobre isso no Capítulo 8, *Módulos de câmera do Raspberry Pi*.

Por fim, o Raspberry Pi Zero 2 W tem o mesmo conector de entrada/saída de uso geral (GPIO) de 40 pinos que os seus irmãos de maiores dimensões, mas é fornecido *não preenchido*. Isso significa que não tem pinos instalados. Para usar o cabeçalho GPIO, você precisará soldar um *conector de pinos* de 2×20 de 2,54 mm no lugar ou comprar o Raspberry Pi Zero 2 WH, que tem um cabeçalho já soldado no lugar.

Capítulo 2

Comece a usar seu Raspberry Pi

Descubra os itens essenciais de que vai precisar para o Raspberry Pi e aprenda a ligá-los para configurá-los e usá-los.

O Raspberry Pi foi projetado para ser o mais rápido e fácil de configurar e utilizar possível, mas, como qualquer computador, depende de vários componentes externos chamados *periféricos*. Ao olhar para a placa de circuitos vazia do Raspberry Pi, que tem um aspecto significativamente diferente dos computadores fechados que você provavelmente já conhece, pode imaginar que as coisas se vão complicar, mas não é esse o caso. Você pode começar a trabalhar com o Raspberry Pi em menos de dez minutos se seguir os passos deste manual.

Se você recebeu este livro num Raspberry Pi Desktop Kit ou com um Raspberry Pi 400, já tem quase tudo de que precisa para começar. Você só precisa de um monitor de computador ou uma TV com uma conexão HDMI, o mesmo tipo de conector utilizado por decodificadores, leitores de Blu-ray e consoles de jogos, para que possa ver o que o Raspberry Pi está fazendo.

Se você adquiriu o Raspberry Pi sem acessórios, também vai precisar de:

▸ **Fonte de alimentação USB** — Uma fonte de alimentação de 5V com capacidade para 5 amperes (5A) e com um conector USB-C para Raspberry Pi 5, uma fonte de alimentação de 5V com capacidade para 3 amperes (3A) e com um conector USB-C para Raspberry Pi 4 Model B ou Raspberry Pi 400, ou uma fonte de alimentação de 5V com capacidade para 2,5 amperes (2,5A) e com um conector microUSB para Raspberry Pi Zero 2 W. Recomendam-se as fontes de alimentação oficiais Raspberry Pi, uma vez que foram projetadas para lidar com as necessidades de energia em constante mudança do Raspberry Pi. As fontes de alimentação de terceiros podem não ser capazes de negociar a corrente e podem causar problemas de energia com o Raspberry Pi.

▸ **Cartão microSD** — O cartão microSD funciona como o armazenamento permanente do Raspberry Pi. Todos os arquivos criados e todo o software instalado, bem como o próprio sistema operacional, são armazenados no cartão. Um cartão de 8 GB é suficiente para começar, embora um de 16 GB ofereça mais espaço para crescer. O Raspberry Pi Desktop Kits inclui um cartão microSD com o Raspberry Pi OS pré-instalado; consulte Apêndice A, *Instale um sistema operacional em um cartão microSD* para ver instruções sobre como instalar um sistema operacional (SO) num cartão vazio.

Figura 2-1
Fonte de alimentação USB

Figura 2-2
Cartão microSD

▸ **Teclado e mouse USB** — O teclado e o mouse permitem controlar o Raspberry Pi. Quase todos os teclados e mouses com ou sem fios com um conector USB funcionam com o Raspberry Pi, embora alguns teclados de estilo gamer com luzes coloridas possam consumir muita energia para serem utilizados de forma confiável. O Raspberry Pi Zero 2 W precisa de um adaptador microUSB OTG e, para ligar mais de um dispositivo USB de cada vez, você precisará de um hub USB alimentado.

▸ **Cabo HDMI** — Transporta o som e as imagens do Raspberry Pi para a TV ou monitor. O Raspberry Pi 4, Raspberry Pi 5 e Raspberry Pi 400 precisam de um cabo com um conector micro HDMI numa extremidade, enquanto o Raspberry Pi Zero 2 W precisa de um cabo com um conector mini HDMI; a outra extremidade deve ter um conector HDMI de tamanho normal para o seu ecrã. Você também pode usar um adaptador micro ou mini HDMI para HDMI juntamente com um cabo HDMI padrão de tamanho normal. Se estiver usando um monitor sem uma tomada HDMI, você pode comprar adaptadores para converter para conectores DVI-D, DisplayPort ou VGA.

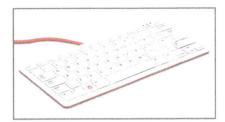

Figura 2-3
Teclado USB

Figura 2-4
Cabo HDMI

O Raspberry Pi pode ser utilizado sem caixa, desde que não o coloque sobre uma superfície metálica, que pode conduzir eletricidade e provocar um curto-circuito. No entanto, uma caixa opcional pode fornecer proteção adicional; o Desktop Kit inclui a Caixa oficial do Raspberry Pi, enquanto as caixas de outros fabricantes estão disponíveis em todos os bons revendedores.

Se quiser usar o Raspberry Pi 4, o Raspberry Pi 5 ou o Raspberry Pi 400 numa rede com fios, em vez de numa rede Wi-Fi, também precisará de um cabo de rede Ethernet. Ele deve ser conectado numa extremidade ao interruptor ou router da sua rede. Se pretende usar o rádio sem fios incorporado no Raspberry Pi, você não precisa de um cabo; no entanto, precisas saber o nome e a chave ou frase-chave da sua rede sem fio.

> **RASPBERRY PI 400 SETUP**
>
> As instruções a seguir destinam-se à configuração do Raspberry Pi 5 ou de outro membro de placa vazia da família Raspberry Pi. Para o Raspberry Pi 400, consulte «Configurar o Raspberry Pi 400» a página 26.

Configurar o hardware

Comece tirando o Raspberry Pi da embalagem. O Raspberry Pi é uma peça de hardware robusta, mas isso não significa que seja indestrutível; tente adquirir o hábito de segurar a placa pelas extremidades, em vez de pelos lados planos, e tenha ainda mais cuidado em torno dos pinos metálicos elevados. Se estes pinos estiverem dobrados, na melhor das hipóteses, dificulta a utilização de placas adicionais e outro hardware e, na pior, pode causar um curto-circuito que danificará o seu Raspberry Pi.

Se ainda não o fez, consulte Capítulo 1, *Conheça o Raspberry Pi* para saber exatamente onde estão as várias portas e o que elas fazem.

Montar a caixa do Raspberry Pi

Se você vai instalar o Raspberry Pi 5 numa caixa, este deve ser o seu primeiro passo. Se estiver usando a Caixa oficial do Raspberry Pi, comece dividindo-a nas suas três peças individuais: a base vermelha, o conjunto da ventoinha e estrutura e a tampa branca.

Segure a base de modo que a extremidade elevada fique à sua esquerda e a extremidade inferior à sua direita.

Segure o Raspberry Pi 5, sem o cartão microSD inserido, pelas portas USB e Ethernet, ligeiramente inclinado. Baixe suavemente o outro lado até encaixar na base, parecido com **Figura 2-5**. Você sentirá e ouvirá um clique ao encaixá-la na base na horizontal.

MONTAR O CONJUNTO DA VENTOINHA

A ventoinha deve ter chegado inserida no conjunto da ventoinha que, por sua vez, já deve estar inserido na respetiva estrutura quando tirada da embalagem. Se não for o caso, encaixe todas as peças (consulte **Figura 2-7**).

Em seguida, ligue o conector JST branco da ventoinha à tomada da ventoinha no Raspberry Pi 5, como indicado em **Figura 2-6**. O encaixe só pode ser feito de uma forma, por isso, não se preocupe em ligá-lo ao contrário.

Figura 2-5
Raspberry Pi 5 na respetiva caixa

Figura 2-6
Ligue o conector da ventoinha

Encaixe o conjunto da ventoinha e a estrutura no lugar, como ilustrado em **Figura 2-7**, e empurre suavemente para baixo até sentir e ouvir um clique.

Se quiser cobrir tudo na caixa, posicione a tampa branca opcional de forma que o logotipo Raspberry Pi fique por cima dos conectores USB e Ethernet do Raspberry Pi 5, como ilustrado em **Figura 2-8**. Para fixá-la no lugar, empurre suavemente para baixo no centro da tampa até ouvir um clique.

Figura 2-7
Fixar o conjunto da ventoinha e estrutura

Figura 2-8
Colocar a tampa na caixa

HATS E TAMPAS

Você pode colocar um HAT (Hardware Attached on Top) diretamente em cima do Raspberry Pi 5 removendo o conjunto da ventoinha. Como alternativa, empilhe-o em cima do conjunto da ventoinha e da estrutura usando espaçadores de 14 mm de altura e um extensor GPIO de 19 mm. Eles estarão disponíveis separadamente nos revendedores autorizados.

Montar a caixa do Raspberry Pi Zero

Se você quer instalar o Raspberry Pi Zero 2 W numa caixa, este deve ser o seu primeiro passo. Se estiver usando a Caixa oficial do Raspberry Pi Zero, comece removendo-a da embalagem. Você deve ter quatro peças: uma base vermelha e três tampas brancas.

Se estiver usando o Raspberry Pi Zero 2, use a tampa sólida. Se você vai usar o cabeçalho GPIO, sobre o qual aprenderá mais no Capítulo 6, *Computação física com Scratch e Python*, escolha a tampa com o longo orifício retangular. Se tiver um Módulo câmera 1 ou 2, escolha a tampa com o orifício circular.

O Módulo câmera 3 e o Módulo câmera de alta qualidade (HQ) não são compatíveis com a tampa da câmera da caixa do Raspberry Pi Zero e devem ser utilizados fora da caixa; existe uma ranhura na extremidade da caixa do Raspberry Pi Zero para o cabo da câmera.

Coloque a base na horizontal sobre a mesa, de modo que as ranhuras para as portas fiquem viradas para você, como ilustrado em **Figura 2-9**.

Segurando o Raspberry Pi Zero (com o cartão microSD inserido) pelas extremidades da placa, alinhe-o de modo que os pequenos pinos circulares nos cantos da base encaixem nos orifícios de montagem nos cantos da placa de circuito do Raspberry Pi Zero 2 W. Quando estiverem alinhados (**Figura 2-10**), empurre suavemente o Raspberry Pi Zero 2 W para baixo até ouvir um clique e as portas ficarem alinhadas com as ranhuras na base.

Figura 2-9
Caixa do Raspberry Pi Zero

Figura 2-10
Colocar o Zero na caixa

Coloque a tampa branca que você escolheu em cima da base da caixa do Raspberry Pi Zero, como ilustrado em **Figura 2-11**. Se estiver usando a tampa do Módulo câmera, verifique se o cabo não está preso. Quando a tampa estiver no lugar, empurre-a suavemente para baixo até ouvir um clique.

MÓDULO CÂMERA E CAIXA DO ZERO

Se estiver usando um Módulo câmera Raspberry Pi, utilize a tampa com o orifício circular. Alinhe os orifícios de montagem do Módulo câmera com os pinos em forma de cruz na tampa, de modo que o conector da câmera fique virado para o logotipo na tampa. Encaixe no lugar. Afaste suavemente a barra no conector da câmera do Raspberry Pi, depois insira a extremidade mais estreita do cabo de fita da câmera incluído no conector antes de encaixar novamente a barra no lugar. Conecte a extremidade mais larga do cabo ao Módulo câmera da mesma forma. Para mais informações sobre a instalação do Módulo câmera, consulte Capítulo 8, *Módulos de câmera do Raspberry Pi.*

Neste passo, você também pode colar os pés de borracha incluídos na parte inferior da caixa (consulte **Figura 2-12**): vire-a, descole os pés da película e cole-os nos recuos circulares da base para melhor aderência à mesa.

Figura 2-11
Colocar a tampa

Figura 2-12
Colocar os pés

Instalar o cartão microSD

Para instalar o cartão microSD, que é o *armazenamento* do Raspberry Pi, vire o Raspberry Pi (com a caixa, se estiver usando uma) para baixo e insira o cartão no slot microSD com o lado da etiqueta do cartão virado para o lado oposto ao Raspberry Pi. O encaixe só pode ser feito de uma forma e deve deslizar para dentro sem muita pressão (consulte **Figura 2-13**).

O cartão microSD desliza para dentro do conector e depois para sem fazer um clique.

Figura 2-13   Inserir o cartão microSD

No Raspberry Pi Zero 2 W, o slot para microSD encontra-se na parte superior, do lado esquerdo. Insira o cartão com a etiqueta virada para o lado oposto ao Raspberry Pi.

Para retirá-lo novamente no futuro, basta segurar na extremidade do cartão e puxá-lo suavemente para fora. Se estiver usando um modelo mais antigo de Raspberry Pi, empurre o cartão ligeiramente para desbloqueá-lo; isto não é necessário com o Raspberry Pi 3, 4, 5 ou qualquer modelo de Raspberry Pi Zero.

Conectar um teclado e mouse

Conecte o cabo USB do teclado a qualquer uma das quatro portas USB (USB 2.0 preto ou USB 3.0 azul) do Raspberry Pi, como ilustrado em **Figura 2-14**. Se estiver usando o teclado oficial do Raspberry Pi, existe uma porta USB na parte de trás para o mouse. Caso contrário, basta conectar o cabo USB do mouse a outra porta USB do Raspberry Pi.

Figura 2-14   Conectar um cabo USB ao Raspberry Pi 5

Para o Raspberry Pi Zero 2 W, utilize um cabo adaptador microUSB OTG. Insira-o na porta microUSB do lado esquerdo e, em seguida, conecte o cabo USB do teclado ao adaptador USB OTG.

Se estiver usando um teclado com mouse separado, em vez de teclado com touchpad integrado, você também precisará usar um hub USB alimentado.

Conecte o cabo do adaptador microUSB OTG como indicado acima e, em seguida, conecte o cabo USB do hub ao adaptador USB OTG antes de conectar o teclado e o mouse ao hub USB. Por fim, conecte o adaptador de corrente do hub e ligue a alimentação.

Os conectores USB para teclado e mouse devem encaixar sem muita pressão; se você precisar forçar o conector, há algo de errado. Verifique se o conector USB está na posição correta!

TECLADO E MOUSE

O teclado e o mouse são os seus principais meios para dizer ao Raspberry Pi o que fazer; na informática, são conhecidos como *dispositivos de entrada*, ao contrário do ecrã, que é um *dispositivo de saída*.

Conectar um ecrã

Para o Raspberry Pi 4 e o Raspberry Pi 5, ligue a extremidade menor do cabo micro HDMI à porta micro HDMI mais próxima da porta USB Tipo C do Raspberry Pi, como ilustrado em **Figura 2-15**. Ligue a outra extremidade ao ecrã.

Para o Raspberry Pi Zero 2 W (**Figura 2-16**), ligue a extremidade menor do cabo mini HDMI à porta mini HDMI no lado esquerdo do Raspberry Pi, por baixo do slot microSD. A outra extremidade deve ser conectada ao ecrã.

Figura 2-15
Conectar o cabo HDMI ao Raspberry Pi 5

Figura 2-16
Conectar o cabo HDMI ao Raspberry Pi Zero

Se o ecrã tiver mais de uma porta HDMI, procure um número de porta junto ao próprio conector. Você precisará mudar a TV para esta entrada para ver o ecrã do Raspberry Pi. Se não conseguir ver um número de porta, não se preocupe, basta experimentar cada entrada até encontrar o Raspberry Pi.

CONEXÃO COM A TV

Se a TV ou o monitor não tiver um conector HDMI, isso não significa que você não pode usar um Raspberry Pi. Os cabos adaptadores, disponíveis em qualquer loja de produtos eletrônicos, permitem converter a porta micro ou mini HDMI do Raspberry Pi em DVI-D, DisplayPort ou VGA para utilização com outros monitores de computador.

Conectar um cabo de rede (opcional)

Para conectar o Raspberry Pi a uma rede com fios, pegue um cabo de rede, conhecido como cabo *Ethernet,* e insira-o na porta Ethernet do Raspberry Pi, com o clipe de plástico virado para baixo, até ouvir um clique (consulte **Figura 2-17**). Para retirar o cabo, aperte o clipe de plástico na direção do plugue e solte o cabo com cuidado.

A outra extremidade do cabo de rede deve ser conectada a qualquer porta livre no hub, switch ou router da mesma forma.

Conectar uma fonte de alimentação

Conectar o Raspberry Pi a uma fonte de alimentação é o último passo no processo de configuração do hardware. É a última coisa que você vai fazer antes de começar a configurar o software. O Raspberry Pi ligará assim que conectado a uma fonte de alimentação alimentada.

Para o Raspberry Pi 4 e o Raspberry Pi 5, conecte a extremidade USB-C do cabo de alimentação ao conector de alimentação USB-C no Raspberry Pi, como ilustrado em **Figura 2-18**. Ele pode ser inserido em qualquer orientação e deve deslizar suavemente para dentro. Se a sua fonte de alimentação tiver um cabo removível, certifique-se de que a outra extremidade esteja ligada ao corpo da fonte de alimentação.

ATENÇÃO!

O Raspberry Pi 5 precisa de uma fonte de alimentação de 5V capaz de fornecer 5A de corrente e de um cabo USB-C E-mark adequado. Se você conectar uma fonte de alimentação de baixa corrente, incluindo a Fonte de alimentação oficial do Raspberry Pi 4, as portas USB do Raspberry Pi 5 ficam limitadas a dispositivos de baixa potência.

Figura 2-17
Conectar o Raspberry Pi 5 à Ethernet

Figura 2-18
Alimentar o Raspberry Pi 5

Para o Raspberry Pi Zero 2 W, conecte a extremidade microUSB do cabo de alimentação à porta microUSB do lado direito do Raspberry Pi. Ela só se encaixa de uma forma, por isso, verifique a orientação antes de inseri-la suavemente.

Parabéns: você montou o seu Raspberry Pi!

Figura 2-19   O seu Raspberry Pi está pronto para funcionar!

Por fim, conecte a fonte de alimentação a uma tomada elétrica, ligue a tomada, e o Raspberry Pi começa imediatamente a funcionar.

Você verá brevemente um cubo com as cores do arco-íris, seguido de um ecrã informativo com o logotipo Raspberry Pi. Você também poderá ver um ecrã azul à medida que o sistema operacional se redimensiona para usar todo o cartão microSD. Se um ecrã preto aparecer, espere alguns minutos. Quando o Raspberry Pi liga pela primeira vez, ele executa algumas tarefas em segundo plano, o que pode demorar um pouco.

Depois de algum tempo, você verá o Assistente de boas-vindas Raspberry Pi OS, como na **Figura 2-20**. O seu sistema operacional agora está pronto para ser configurado, o que você aprenderá a fazer no Capítulo 3, *Utilizar seu Raspberry Pi*.

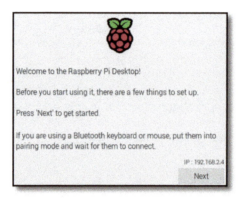

Figura 2-20   O assistente de boas-vindas Raspberry Pi OS

Configurar o Raspberry Pi 400

Ao contrário do Raspberry Pi 4, o Raspberry Pi 400 vem com um teclado incorporado e o cartão microSD já instalado. Você ainda precisará conectar alguns cabos para começar, mas isso deve demorar apenas alguns minutos.

Conectar um mouse

O teclado do Raspberry Pi 400 já está conectado, falta apenas adicionar o mouse. Insira o cabo USB na extremidade do mouse em qualquer uma das três portas USB (2.0 ou 3.0) no painel traseiro do Raspberry Pi 400. Se preferir deixar as duas portas USB 3.0 de alta velocidade para outros acessórios, utilize a porta USB 2.0 branca.

O conector USB deve deslizar para dentro sem muita pressão (consulte **Figura 2-21**). Se você precisar forçar o conector, há algo de errado. Verifique se o conector USB está na posição correta!

Conectar um ecrã

Conecte a extremidade menor do cabo micro HDMI à porta micro HDMI mais próxima do slot microSD do Raspberry Pi 400, e a outra extremidade ao ecrã, como ilustrado em **Figura 2-22**. Se o ecrã tiver mais de uma porta HDMI, procure um número de porta junto ao próprio conector. Você precisará mudar a TV ou o monitor para esta entrada para ver o ecrã do Raspberry Pi. Se você não conseguir ver um número de porta, não se preocupe, basta experimentar cada entrada até encontrar o Raspberry Pi.

Figura 2-21
Conectar um cabo USB ao Raspberry Pi 400

Figura 2-22
Conectar o cabo HDMI ao Raspberry Pi 400

Conectar um cabo de rede (opcional)

Para conectar o Raspberry Pi 400 a uma rede com fios, pegue um cabo de rede, conhecido como cabo Ethernet, e insira-o na porta Ethernet do Raspberry Pi 400, com o clipe de plástico virado para cima, até ouvir um clique (**Figura 2-23**). Para retirar o cabo, basta apertar o clipe de plástico na direção do plugue e soltar o cabo com cuidado.

A outra extremidade do cabo de rede deve ser conectada a qualquer porta livre no hub, switch ou router da mesma forma.

Conectar uma fonte de alimentação

Conectar o Raspberry Pi 400 a uma fonte de alimentação é o último passo no processo de configuração do hardware, e é algo que você só deve fazer quando tiver tudo pronto para configurar o software. O Raspberry Pi 400 não tem um interruptor de alimentação e liga assim que for conectado a uma fonte de alimentação ativa.

Primeiro, conecte a extremidade do cabo de alimentação USB Tipo C ao conetor de alimentação USB Tipo C no Raspberry Pi. Ele pode ser inserido em qualquer orientação e deve deslizar suavemente para dentro. Se a sua fonte de alimentação tiver um cabo removível, certifique-se de que a outra extremidade esteja ligada ao corpo da fonte de alimentação.

Figura 2-23 Conectar o Raspberry Pi 400 à Ethernet

Por fim, conecte a fonte de alimentação a uma tomada elétrica e ligue a tomada: o Raspberry Pi 400 começa a funcionar imediatamente. Parabéns: você montou seu Raspberry Pi 400 (**Figura 2-24**)!

Figura 2-24 O Raspberry Pi 400 tem todas as ligações prontas!

Você verá brevemente um cubo com as cores do arco-íris, seguido de um ecrã informativo com o logotipo Raspberry Pi. Você também poderá ver um ecrã azul à medida que o sistema operacional se redimensiona para usar todo o cartão microSD. Se um ecrã preto aparecer, espere alguns minutos. Quando o Raspberry Pi liga pela primeira vez, ele executa algumas tarefas em segundo plano, o que pode demorar um pouco.

Depois de algum tempo, você verá o Assistente de boas-vindas Raspberry Pi OS, como mostrado anteriormente na **Figura 2-20**. O seu sistema operacional agora está pronto para ser configurado, o que você aprenderá a fazer no Capítulo 3, *Utilizar seu Raspberry Pi*.

Capítulo 3

Utilizar seu Raspberry Pi

Aprenda sobre o sistema operacional Raspberry Pi.

Seu Raspberry Pi consegue executar uma vasta gama de software, incluindo vários sistemas operacionais diferentes, o software principal que faz um computador funcionar. O mais popular deles, e o sistema operacional oficial da Raspberry Pi, é o Raspberry Pi OS Baseado no Debian Linux, é desenvolvido especialmente para o Raspberry Pi e vem com uma gama de software extra pré-instalado e pronto para ser usado.

Se você só usou Microsoft Windows ou Apple macOS, não se preocupe: O Raspberry Pi OS baseia-se nos mesmos princípios intuitivos de janelas, ícones, menus e ponteiros (WIMP) e deve tornar-se rapidamente familiar. Continue lendo para começar e descobrir mais sobre alguns dos softwares incluídos.

Assistente de boas-vindas

Na primeira vez que você executar o Raspberry Pi OS, verá o Assistente de boas-vindas (**Figura 3-1**). Esta ferramenta útil orientará você na alteração de algumas configurações no Raspberry Pi OS, conhecidas como *configuração*, para combinar como e onde você usará seu Raspberry Pi.

Clique no botão **Next** e escolha seu país, idioma e fuso horário clicando em cada caixa suspensa e selecionando sua resposta na lista (**Figura 3-2**). Se você estiver usando um teclado com layout americano, clique na caixa de seleção para garantir que o Raspberry Pi OS use o layout de teclado correto. Se quiser que a área de trabalho e os programas apareçam em inglês, independentemente do idioma nativo do seu país, clique na caixa de seleção para marcá-la. Quando terminar, clique em **Next**.

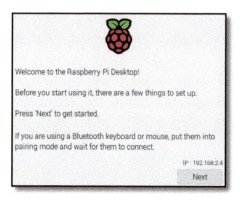

Figura 3-1   O Assistente de boas-vindas

Figura 3-2   Selecionar um idioma, entre outras opções

A próxima tela solicitará que você escolha um nome e uma senha para sua conta de usuário (**Figura 3-3**). Escolha um nome — pode ser o que você quiser, mas deve começar com uma letra e só pode conter letras minúsculas, dígitos e hífens. Então você precisará criar uma senha da qual se lembre. Você receberá a solicitação de digitar a senha duas vezes para ter certeza de que não cometeu nenhum erro que possa impedir seu acesso à sua nova conta. Quando estiver satisfeito com suas escolhas, clique em **Next**.

Em seguida, escolha sua rede Wi-Fi em uma lista (**Figura 3-4**).

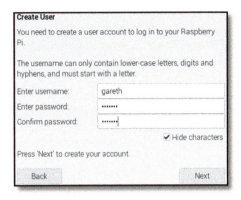

Figura 3-3 Definir uma nova senha

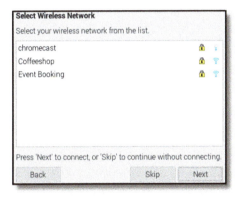

Figura 3-4 Escolher uma rede sem fio

REDE SEM FIOS

A rede sem fios integrada só está disponível nas famílias Raspberry Pi 3, Raspberry Pi 4, Raspberry Pi 5 e Raspberry Pi Zero W e Zero 2 W. Se quiser usar um modelo diferente de Raspberry Pi com uma rede sem fio, você precisará de um adaptador USB Wi-Fi.

Percorra a lista de redes com o mouse ou teclado, encontre o nome da sua rede, clique nela e clique em. Supondo que sua rede sem fio seja segura (real-mente deveria ser), será solicitada sua senha (também conhecida como chave pré-compartilhada). Se você não usar uma senha personalizada, o padrão nor-malmente estará escrito em um cartão que acompanha o roteador ou na parte inferior ou traseira do próprio roteador.. Clique em para se conectar à rede. Se não quiser se conectar a uma rede sem fios, clique em **Skip.**

Em seguida, será pedido que você escolha seu *browser* predefinido entre os dois pré-instalados no Raspberry Pi OS: O Google Chromium, o predefinido, e o Mozilla Firefox (**Figura 3-5**). Por ora, deixe o Chromium selecionado como predefinição, para que possa acompanhar este livro. É possível mudar para o Firefox mais tarde se preferir. Se alterar o browser predefinido, também pode optar por desinstalar o browser não predefinido para poupar espaço no seu cartão microSD. Basta assinalar a caixa quando for oferecida a opção e clicar no botão **Next.**

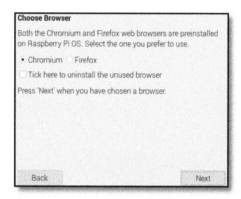

Figura 3-5   Selecionar um browser

A tela seguinte permite procurar e instalar atualizações para o Raspberry Pi OS e outro software no Raspberry Pi (**Figura 3-6**). O Raspberry Pi OS é atualizado regularmente para corrigir erros, adicionar novas funcionalidades e melhorar o desempenho. Para instalar estas atualizações, clique em **Next.** Caso contrário, clique em **Skip.** Baixar as atualizações pode demorar muitos minutos, então seja paciente.

Quando as atualizações estiverem instaladas, aparece a janela "O sistema está atualizado". Clique no botão **OK.**

A tela final do Assistente de boas-vindas (**Figura 3-7**) fornece uma última informação: certas alterações feitas só terão efeito quando você reiniciar o Raspberry Pi (um processo também conhecido como rebooting). Clique no botão para o seu Raspberry Pi reiniciar. A partir de agora, o Assistente de boas-vindas não aparece, a sua função está concluída e o seu Raspberry Pi está pronto a ser utilizado.

Figura 3-6 Procurar atualizações

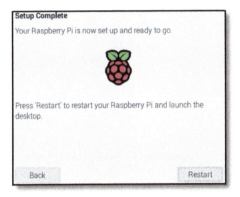

Figura 3-7 Reiniciar o Raspberry Pi

ATENÇÃO!

Depois de o Raspberry Pi 5 arrancar, se vir no canto superior direito a mensagem "this power supply is not capable of supplying 5A," você está usando uma fonte de alimentação que não consegue fornecer os 5V a 5A exigidos pelo Pi 5. Substituir a sua fonte de alimentação por outra que suporte o Pi 5, como a Fonte de alimentação oficial Raspberry Pi 5. Também pode ignorar o aviso e continuar a usar o Raspberry Pi 5, mas certos dispositivos USB de alta potência, como discos rígidos, não funcionarão.

Se vir a mensagem "low voltage warning", parar de usar o Raspberry Pi até poder substituir a fonte de alimentação: a *queda de tensão* de fontes de alimentação de baixa qualidade pode fazer com que o Raspberry Pi falhe.

Navegando pelo desktop

A versão do Raspberry Pi OS instalada na maioria das placas Raspberry Pi é conhecida como "Raspberry Pi OS com ambiente de trabalho", referindo-se à principal interface gráfica de utilizador (**Figura 3-8**). A maior parte deste ambiente de trabalho é ocupada por um fundo (**A** em **Figura 3-8**), em cima do qual aparecem os programas que executas.

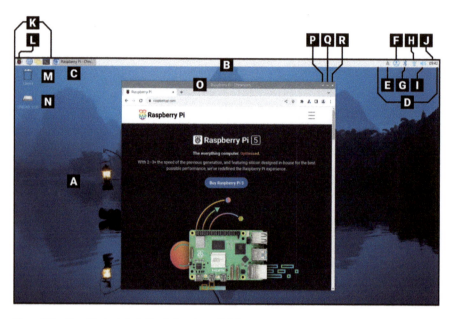

Figura 3-8 O ambiente de trabalho do Raspberry Pi OS

A	Fundo		**J**	Relógio
B	Barra de tarefas		**K**	Iniciador
C	Tarefa		**L**	Menu (ou ícone Raspberry Pi)
D	Tabuleiro do sistema		**M**	Ícone Reciclagem
E	Ícone Atualização de software		**N**	Ícone Unidade removível
F	Ejeção do suporte		**O**	Barra de título da janela
G	Ícone Bluetooth		**P**	Minimizar
H	Ícone Rede		**Q**	Maximizar
I	Ícone Volume		**R**	Fechar

Na parte superior do ambiente de trabalho existe uma barra de tarefas (**B**) que permite a você iniciar os programas instalados. Estes são indicados por tarefas (**C**) na barra de tarefas. O lado direito da barra de menu abriga a *bandeja do sistema* (**D**). O ícone Atualização de software (**E**) aparece apenas quando há atualizações do Raspberry Pi OS e respetivas aplicações. Se tiver algum *armazenamento removível*, como cartões de memória USB, ligado ao Raspberry Pi verás um símbolo de ejeção (**F**). Clique nesse ícone para ejetar e remover a unidade. À direita está o relógio (**J**). Clique para apresentar um calendário digital (**Figura 3-9**).

Figura 3-9   Calendário digital

Junto deste ícone está um ícone Altifalante (**I**). Clica nele com o botão esquerdo do mouse para ajustar o volume de áudio do seu Raspberry Pi ou clique com o botão direito do mouse para escolher a saída que o Raspberry Pi deve usar para o som. Junto desse ícone está um ícone de rede (**H**). Se estiver ligado a uma rede sem fios, você vê a força do sinal apresentada como uma série de barras, mas se estiver ligado a uma rede com fios, só verá duas setas. Ao clicar no ícone de rede, aparece uma lista de redes sem fios próximas (**Figura 3-10**), ao passo que clicar no ícone Bluetooth (**G**) permite ligar a um dispositivo Bluetooth próximo.

Figura 3-10   Lista de redes sem fios próximas

No lado esquerdo da barra de menus está o *iniciador* (**K**), onde você verá os programas instalados juntamente com o Raspberry Pi OS. Alguns deles são visíveis como ícones de atalho, outros estão ocultos no menu, que pode apresentar ao clicar no ícone Raspberry Pi (**L**) à esquerda (**Figura 3-11**).

Os programas do menu estão divididos em categorias. O nome de cada categoria diz o que você pode esperar: a categoria **Desenvolvimento** contém

Figura 3-11   Menu do Raspberry Pi

software concebido para lhe ajudar a escrever os seus próprios programas, como explicado em Capítulo 4, *Programando com Scratch 3*, enquanto a categoria Jogos serve de entretenimento.

Nem todos os programas serão detalhados neste guia, por isso, pode experimentá-los para aprender mais. No ambiente de trabalho, encontre a Reciclagem (**M**) e quaisquer dispositivos de armazenamento externos (**N**) ligados ao seu Raspberry Pi.

O navegador web Chromium

Para praticar a utilização do seu Raspberry Pi, comece a carregar o browser Chromium: clique no ícone Raspberry Pi no canto superior esquerdo para abrir o menu, mova a seta do mouse para selecionar a categoria Internet e clique em para carregar.

Se já utiliza o browser Google Chrome em outro computador, o browser Chromium será imediatamente familiar. O Chromium permite visitar websites, reproduzir vídeos, jogos e até comunicar com pessoas de todo o mundo em fóruns e sites de chat.

Comece a utilizar o Chromium maximizando a respetiva janela para preencher a tela: encontre os três ícones no canto superior direito da barra de título da janela do Chromium (**O**) e clique no ícone seta para cima (**Q**). Este é o botão *maximizar*. À esquerda de maximizar está *minimizar* (**P**), que oculta uma janela até você clicar nela na barra de tarefas na parte superior da tela. A cruz à direita de maximizar é *fechar* (**R**), que faz exatamente o que você esperava: fecha a janela.

A primeira vez que executar o browser Chromium, o website Raspberry Pi deve carregar automaticamente, como ilustrado em **Figura 3-12**. Caso contrário (ou para visitar outros websites), clique na barra de endereços no topo da janela do Chromium, a grande barra branca com uma lupa do lado esquerdo, escreva (ou o endereço do website que queres visitar) e depois carregue no botão **ENTER** no seu teclado. O website Raspberry Pi será carregado.

Também pode escrever pesquisas na barra de endereço: tente pesquisar por "Raspberry Pi", "Raspberry Pi OS" ou "retro gaming".

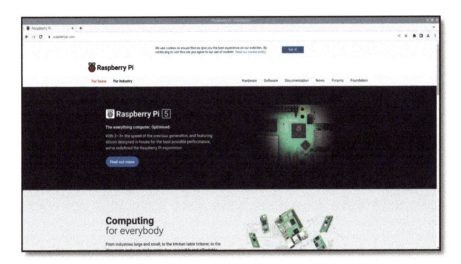

Figura 3-12   O website Raspberry Pi no Chromium

A primeira vez em que você carregar o Chromium, este pode abrir várias *abas* na parte superior da janela. Para mudar para uma aba diferente, clique nela; para fechar um separador sem fechar o próprio Chromium, clique no X do lado direito da aba que quiser fechar.

Para abrir uma nova aba, que é uma forma prática de ter vários websites abertos sem ter que fazer malabarismos com várias janelas do Chromium, clique no botão da aba à direita da última aba da lista ou mantenha pressionada a tecla **CTRL** no teclado e pressione a tecla **T** antes de soltar a tecla **CTRL**.

Quando terminar de usar o Chromium, clique no botão Fechar no canto superior direito da janela.

O Gerenciador de Arquivos

Os arquivos que você salva — por exemplo, programas, vídeos, imagens — vão todos para o seu *diretório inicial*. Para ver o diretório raiz, clique novamente no ícone Raspberry Pi para abrir o menu, mova o cursor do mouse para selecionar **Acessórios**, depois clique em para o carregar (**Figura 3-13**).

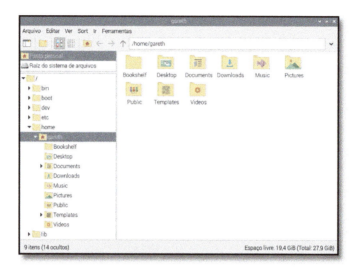

Figura 3-13   O gerenciador de arquivos

O Gerenciador de arquivos permite navegar pelos arquivos e pastas, também conhecidos como *diretórios*, no cartão microSD do Raspberry Pi, bem como aqueles em qualquer dispositivo de armazenamento removível — como unidades flash USB — que você conectou às entradas USB do Raspberry Pi. Quando você o abre pela primeira vez, ele vai automaticamente para o seu diretório inicial. Aqui você encontra uma série de outras pastas, conhecidas como *subdiretórios*, que, tal como o menu, estão organizadas em categorias. Os subdiretórios principais são:

- ▸ **Bookshelf** — Contém cópias digitais de livros e revistas da Raspberry Pi Press. Você pode ler e transferir livros com o aplicativo Bookshelf na seção Ajuda do menu.

- ▸ **Desktop** — Esta pasta é o que você vê quando carrega pela primeira vez o Raspberry Pi OS. Se guardar um arquivo aqui, ele aparece no ambiente de trabalho, tornando-o fácil de encontrar e carregar.

- ▸ **Documents** — É onde fica a maior parte dos arquivos de texto que você vai criar, de histórias curtas a receitas.

- **Downloads** — Quando você transfere um arquivo da Internet utilizando o browser, este é guardado automaticamente em Transferências.

- **Music** — Qualquer música que você criar ou transferir pode ser guardada aqui.

- **Pictures** — Esta pasta destina-se especificamente a imagens, conhecidas em termos técnicos como *pastas de imagem*.

- **Public** — Apesar de a maioria dos seus arquivos serem privados, tudo o que deixar como Público estará disponível para outros usuários do seu Raspberry Pi, mesmo que tenham o seu próprio nome de usuário e palavra-chave.

- **Templates** — Esta pasta contém todos os modelos, documentos em branco com um esquema ou uma estrutura básica já existente, que foram instalados pelas tuas aplicações ou criados por ti.

- **Videos** — Uma pasta para vídeos e o primeiro local onde a maioria dos programas de reprodução de vídeo verifica o conteúdo.

A janela do Gerenciador de arquivos está dividida em dois painéis principais: o painel da esquerda mostra os diretórios do seu Raspberry Pi e o painel da direita mostra os arquivos e subdiretórios do diretório selecionado no painel da esquerda.

Se você conectar um dispositivo de armazenamento removível à porta USB do Raspberry Pi, uma janela aparecerá perguntando se você deseja abri-lo no Gerenciador de Arquivos (**Figura 3-14**). Clique em para ver os respectivos arquivos e diretórios.

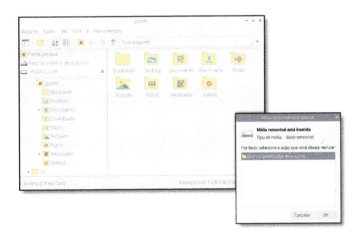

Figura 3-14   Inserindo um dispositivo de armazenamento removível

É possível facilmente *arrastar e largar* arquivos entre o cartão microSD do Raspberry Pi e um dispositivo removível. Com o seu diretório raiz e o dispositivo removível abertos em janelas separadas do Gestor de arquivos, move o cursor do mouse para o arquivo que queira copiar, clique e mantenha pressionado o botão esquerdo do mouse, desliza o cursor do mouse para a outra janela e solte o botão do mouse (**Figura 3-15**).

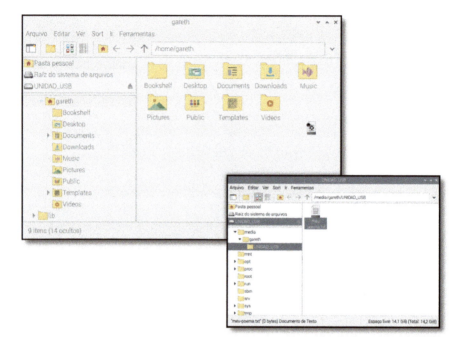

Figura 3-15   Arrastar e soltar um arquivo

Uma maneira fácil de copiar um arquivo é clicar uma vez no arquivo, clicar no **Editar** menu **Copiar**, clicar em **Copiar**, clicar na outra janela, clicar no **Editar** menu e clicar em **Colar**.

A opção Cortar, também disponível no menu Editar, é semelhante, mas apaga o arquivo da sua localização original depois de fazer a cópia. Ambas as opções também podem ser utilizadas através dos atalhos de teclado **CTRL+C** (copiar) ou **CTRL+X** (cortar) e **CTRL+V** (colar).

ATALHOS DE TECLADO

Quando você vê um atalho de teclado como **CTRL+C**, significa manter pressionada a primeira tecla do teclado (**CTRL**), pressionar a segunda tecla (**C**) e soltar ambas as teclas.

Quando acabar de experimentar, feche o Gerenciador de arquivos clicando no botão Fechar no canto superior direito da janela. Se tiver mais de uma janela aberta, feche todas. Se você conectou um dispositivo de armazenamento removível ao Raspberry Pi, ejete-o clicando no botão ejetar no canto superior direito da tela, encontrando-o na lista e clicando nele antes de desconectá-lo.

> ## DISPOSITIVOS DE EJEÇÃO
>
> Utiliza sempre o botão de ejeção antes de desligar um dispositivo de armazenamento externo. Se não fizer isso, os arquivos nele contidos podem ficar danificados e inutilizáveis.

A ferramenta Software recomendada

O Raspberry Pi OS vem com uma vasta gama de software já instalado, mas o seu Raspberry Pi é compatível com ainda mais. Encontre uma seleção do melhor deste software na ferramenta software recomendado.

Saiba que a ferramenta software recomendada necessita de uma conexão com a Internet. Se o seu Raspberry Pi estiver ligado, clique no ícone Raspberry Pi, mova o cursor do mouse para e clique em **Recommended Software**. A ferramenta carrega e começa a descarregar informações sobre o software disponível.

Após alguns segundos, aparece uma lista de pacotes de software compatíveis (**Figura 3-16**). Estes, tal como o software no menu do Raspberry Pi, estão organizados em várias categorias. Clique em uma categoria no painel da esquerda para ver o software dessa categoria ou clique em para ver tudo.

Figura 3-16 A ferramenta software recomendada

Se um software tiver uma marca de vista ao lado, já está instalado no seu Raspberry Pi. Se não tiver, pode clicar na caixa de verificação junto à mesma para adicionar um visto e marcá-lo para instalação. Pode marcar quantos

quiser antes de instalar todos de uma vez, mas se estiver utilizando um cartão microSD menor do que o recomendado, pode não ter espaço para todos.

APLICATIVOS PRÉ-INSTALADOS

Algumas versões do Raspberry Pi OS vêm com mais software instalado do que outras. Se a ferramenta Software recomendado indicar que *Code the Classics* já está
instalado, se já houver uma marca na caixa de verificação, pode escolher outro item
da lista para instalar.

Há software disponível para Raspberry Pi OS para realizar uma ampla variedade de tarefas, incluindo uma seleção de jogos escritos para o livro *Code the
Classics, Volume 1* — um passeio pela história dos jogos que ensina como escrever seus próprios jogos em Python, disponível em **store.rpipress.cc**.

Para instalar os jogos *Code the Classics*, clique na caixa de verificação junto a
Code the Classics para o assinalar; pode ter de percorrer a lista de aplicações
para vê-lo. Você vai ver o texto *(will be installed)* aparecer à direita do aplicativo que selecionou, como ilustrado em **Figura 3-17**.

Figura 3-17   Selecionar Code the Classics para
instalação

Clique em para instalar o software; você receberá a solicitação de inserir sua
palavra-chave. A instalação demora até um minuto, dependendo da velocidade da ligação à Internet (**Figura 3-18**). Quando o processo estiver concluído,
vês uma mensagem a informar que a instalação está concluída. Clica em **OK**
para fechar a caixa de diálogo e, em seguida, clique no botão **Close** para fechar a ferramenta Software recomendado.

Se mudar de ideia acerca do software que instalou, pode liberar espaço ao desinstalá-lo. Basta carregar novamente a ferramenta Software recomendado,
encontrar o software na lista e clicar na caixa de verificação para remover a
marca. Ao clicar em **Apply**, o software será removido, mas todos os arquivos
que você criou com ele e salvos na pasta Documentos permanecerão.

Figura 3-18 Instalar Code the Classics

Outra ferramenta para instalar ou desinstalar software, a ferramenta Adicionar/Remover software, pode ser encontrada na mesma categoria Preferências do menu Raspberry Pi. Oferece uma maior seleção de software para além da lista de software recomendado. Aprenda a utilizar a ferramenta Adicionar/Remover software em Apêndice B, *Instalando e desinstalando software*.

O conjunto de produtividade LibreOffice

Para mais uma amostra do que o Raspberry Pi pode fazer, clique no ícone Raspberry Pi, mova o cursor do mouse e clique em **LibreOffice Writer**. Esta ação carrega a parte do processador de texto do LibreOffice (**Figura 3-19**), um popular pacote de produtividade de código aberto.

Figura 3-19 O programa LibreOffice Writer

Um processador de texto permite escrever e formatar documentos: pode alterar o estilo do tipo de letra, a cor, o tamanho, adicionar efeitos e até inserir imagens, gráficos, tabelas e outros conteúdos. Um processador de texto também permite que você verifique se há erros em seu trabalho, destacando problemas ortográficos e gramaticais em vermelho e verde, respectivamente, enquanto você digita.

Começa por escrever um parágrafo para poderes experimentar a formatação. Se estiver bem entusiasmado, pode escrever sobre o que aprendeu sobre o Raspberry Pi e o seu software até agora. Explore os diferentes ícones na parte superior da janela para ver o que fazem: veja se consegue aumentar o tamanho da escrita e mudar a cor. Se não tiveres a certeza de como fazer isto, basta passares o ponteiro do mouse sobre cada ícone para apresentar uma "descrição" que te diz o que esse ícone faz. Quando estiver satisfeito, clique no menu e na opção para salvar o seu trabalho (**Figura 3-20**). Dê a ele um nome e clique no botão **Salvar**.

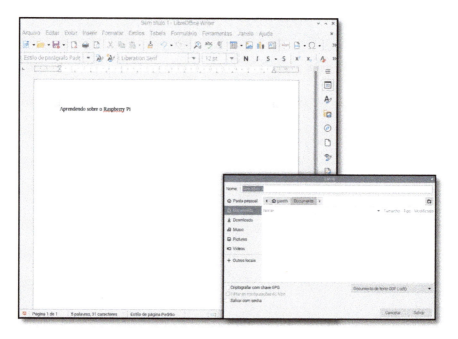

Figura 3-20   Salvar um documento

O LibreOffice Writer é apenas parte do conjunto geral de produtividade do LibreOffice. As outras partes, que você encontrará na mesma categoria de menu do Office do LibreOffice Writer, são:

▸ **LibreOffice Base** — Uma base de dados: uma ferramenta que permite armazenar informações, consultá-las rapidamente e analisá-las.

▸ **LibreOffice Calc** — Uma folha de cálculo: uma ferramenta para processar números e criar tabelas e gráficos.

▸ **LibreOffice Draw** — Um programa de ilustração: uma ferramenta para criar imagens e diagramas.

▸ **LibreOffice Impress** — Um programa de apresentação: para criar diapositivos e fazer slideshows.

▸ **LibreOffice Math** — Um editor de fórmulas: para criar fórmulas matemáticas corretamente formatadas que podem ser utilizadas noutros documentos.

O LibreOffice também está disponível para outros computadores e sistemas operacionais. Se você gosta de usá-lo em seu Raspberry Pi, pode baixá-lo gratuitamente em **libreoffice.org** e instalá-lo em qualquer computador Microsoft Windows, Apple macOS ou Linux. Podes fechar o LibreOffice Writer clicando no botão fechar no canto superior direito da janela.

Ferramenta de configuração Raspberry PI

O último programa que você aprenderá neste capítulo é conhecido como ferramenta Raspberry Pi Configuration e é muito parecido com o Welcome Wizard que você usou no início: ele permite alterar várias configurações no

Raspberry Pi OS. Clique no ícone do Raspberry Pi, mova o ponteiro do mouse para selecionar a categoria **Preferências** e clique em **Raspberry Pi Configuration** para carregá-la (**Figura 3-21**).

Figura 3-21   Ferramenta de configuração do Raspberry Pi

A ferramenta está dividida em cinco abas. O primeiro é **System**: permite alterar a palavra-chave da sua conta, definir um nome de anfitrião, o nome que o seu Raspberry Pi utiliza na sua rede local sem fios ou com fios, e alterar uma série de outras definições, incluindo a escolha de um browser predefinido. A maior parte destes itens não precisa ser alterada. Clique na aba **Display** para abrir a categoria seguinte. Aqui pode alterar as definições de visualização do ecrã, se necessário, de acordo com o seu televisor ou monitor.

MAIS DETALHES

Esta breve visão geral é simplesmente para você se acostumar com a ferramenta. Você encontrará informações mais detalhadas sobre cada uma das respetivas definições em Apêndice E, *Ferramenta de configuração Raspberry Pi*.

A guia **Interfaces** oferece uma variedade de configurações, todas elas (exceto **Serial Console** e **Serial Port**) iniciam desabilitadas. Estas definições só devem ser alteradas se estiveres a adicionar novo hardware e, mesmo assim, apenas se receberes instruções do fabricante do hardware. As excepções a esta regra são **SSH**, que ativa um 'Secure Shell' e permite-te entrar no Raspberry Pi a partir de outro computador na sua rede usando um cliente SSH; **VNC**, que ativa um 'Virtual Network Computer' e permite a você ver e controlar o ambiente de trabalho do Raspberry Pi OS a partir de outro computador na sua rede usando um cliente VNC; e **Remote GPIO**, que permite a você usar os pinos GPIO do Raspberry Pi, sobre os quais aprenderás mais em Capítulo 6, *Computação física com Scratch e Python*, a partir de outro computador na sua rede.

Clique na guia **Performance** para ver a quarta categoria. Aqui você configura o **overlay file system**, que é uma forma de rodar seu Raspberry Pi sem gravar alterações no cartão microSD. Na maioria dos casos, não é algo que você precisará fazer; portanto, a maioria dos usuários pode simplesmente deixar esta seção como está.

Por fim, clique na guia **Localisation** para ver a última categoria. Aqui você pode alterar sua localidade, que controla coisas como o idioma usado no Raspberry Pi OS e como os números são exibidos; alterar o fuso horário; alterar o layout do teclado; e defina seu país para fins de Wi-Fi. Por enquanto, basta clicar em **Cancel** para fechar a ferramenta sem fazer nenhuma alteração.

> **ATENÇÃO!**
>
> Diferentes países têm regras diferentes sobre quais frequências um rádio Wi-Fi pode usar. Definir o país do Wi-Fi na ferramenta de configuração Raspberry Pi para um país diferente daquele em que você realmente se encontra provavelmente dificultará a conexão às suas redes e pode até ser ilegal sob as leis de licenciamento de rádio — então não faça isso isto!

Atualizações do software

O Raspberry Pi OS recebe atualizações frequentes, que adicionam novos recursos ou corrigem bugs. Se o Raspberry Pi estiver conectado a uma rede por meio de um cabo Ethernet ou Wi-Fi, ele verificará automaticamente se há atualizações e informará se alguma está pronta para ser instalada com um pequeno ícone na bandeja do sistema (parece uma seta apontando para baixo). em uma bandeja, cercada por um círculo).

Se você ver este ícone no canto superior direito da sua área de trabalho, há atualizações prontas para instalação. Clique no ícone e clique em **Install Updates** para baixá-los e instalá-los. Se preferir ver quais são as atualizações primeiro, clique em **Show Updates** para ver uma lista (**Figura** 3-22).

Figura 3-22 Usando a ferramenta de atualização de software

O tempo que leva para instalar as atualizações varia dependendo de quantas existem e da velocidade da sua conexão com a Internet, mas deve levar apenas alguns minutos. Após a instalação das atualizações, o ícone desaparecerá da bandeja do sistema até que haja mais atualizações para instalar.

Algumas atualizações são projetadas para melhorar a segurança do Raspberry Pi OS. É importante usar a ferramenta de atualização de software para manter seu sistema operacional atualizado!

Encerramento

Agora que explorou o ambiente de trabalho do Raspberry Pi OS, está na altura de aprender uma competência muito importante: encerrar o seu Raspberry Pi em segurança. Como qualquer computador, o Raspberry Pi mantém os arquivos em que você está trabalhando na *vmemória volátil* — memória que é esvaziada quando o sistema é desligado. Para os documentos que você está criando, basta salvar um de cada vez — o que move o arquivo da memória volátil para a *memória não volátil* (o cartão microSD) — para garantir que você não perca nada.

Mas os documentos em que está a trabalhar não são os únicos arquivos abertos. O próprio Raspberry Pi OS mantém vários arquivos abertos enquanto está a funcionar, e desligar o cabo de energia do seu Raspberry Pi enquanto estes ainda estão abertos pode corromper o sistema operativo e ser necessário reinstalá-lo.

Para evitar que isso aconteça, você precisa informar ao Raspberry Pi OS para salvar todos os seus arquivos e se preparar para ser desligado — um processo conhecido como *desligar* o sistema operacional.

Clique no ícone Raspberry Pi no canto superior esquerdo da área de trabalho e clique em **Desligar**. Uma janela aparecerá com três opções (**Figura 3-23**): **Desligar**, **Reiniciar** e **Finalizar sessão**. **Desligar** é a opção que você mais usará: clicar nela instruirá o Raspberry Pi OS a fechar todos os softwares e arquivos abertos e, em seguida, desligar o Raspberry Pi. Assim que a tela ficar preta, espere alguns segundos até que a luz verde piscante do Raspberry Pi se apague, após o que é seguro desligar a fonte de alimentação.

Se você pressionar o botão uma vez, verá a mesma janela aparecer como se tivesse clicado no ícone Raspberry Pi seguido de **Desligar**; pressione o botão liga / desliga novamente quando a janela estiver visível e o Raspberry Pi será desligado com segurança.

Se você pressionar e segurar o botão liga/desliga por mais tempo, ele executará um desligamento forçado — efetivamente como se você tivesse acabado de desligar a energia. Faça isso apenas se o seu Raspberry Pi não estiver respondendo às suas instruções e você não puder desligá-lo de outra forma, pois corre o risco de corromper seus arquivos ou sistema operacional.

Para ligar novamente o Raspberry Pi, desconecte e reconecte o cabo de alimentação ou alterne a alimentação na tomada.

Figura 3-23
Desligando Raspberry Pi

A reinicialização passa por um processo semelhante ao **Desligar**, fechando tudo, mas em vez de desligar o Raspberry Pi, ele reinicia o Raspberry Pi — como se você tivesse escolhido **Desligar**, depois desconectou e reconectou o cabo de alimentação. Você precisará usar **Reiniciar** se fizer certas alterações que exijam a reinicialização do sistema operacional — como a instalação de certas atualizações em seu software principal — ou se algum software deu errado, conhecido como *crashing*, e saiu do Raspberry Pi OS em um estado inutilizável.

Finalizar sessão é útil se você tiver mais de uma conta de usuário em seu Raspberry Pi: ele fecha todos os programas abertos no momento e leva você a uma tela de login na qual será solicitado um nome de usuário e uma senha. Se você clicar em Sair por engano e quiser voltar, basta digitar o nome de usuário e a senha escolhida no Assistente de boas-vindas no início deste capítulo.

ATENÇÃO!

Nunca remova o cabo de alimentação de um Raspberry Pi ou desligue a fonte de alimentação da parede sem desligá-lo primeiro. Fazer isso provavelmente corromperá o sistema operacional e você também poderá perder todos os arquivos que criou ou baixou.

Capítulo 4

Programando com Scratch 3

Aprenda a começar a codificar usando Scratch, uma linguagem de programação baseada em blocos.

Usar o Raspberry Pi não envolve apenas usar software criado por outras pessoas: trata-se também de criar seu próprio software, baseado em quase tudo que sua imaginação possa imaginar. Quer você tenha ou não experiência anterior na criação de seus próprios programas – um processo conhecido como programação ou codificação — você descobrirá que o Raspberry Pi é uma ótima plataforma para criação e experimentação.

A chave para a acessibilidade da codificação no Raspberry Pi é o Scratch, uma linguagem de programação visual desenvolvida pelo Massachusetts Institute of Technology (MIT). Enquanto as linguagens de programação tradicionais exigem instruções baseadas em texto para o computador executar, da mesma forma que você escreveria uma receita para fazer um bolo, o Scratch permite que você construa seu programa passo a passo usando blocos — pedaços pré-escritos de código disfarçado como peças de quebra-cabeça codificadas por cores.

Scratch é uma ótima primeira linguagem para programadores iniciantes de qualquer idade, mas não se deixe enganar por sua aparência amigável: ainda é um ambiente de programação poderoso e totalmente funcional que você pode usar para criar de tudo, desde jogos e animações simples até projetos complexos de robótica interativa.

Apresentando a interface do Scratch 3

A Área do palco		**E** Paleta de blocos	
B Objeto		**F** Blocos	
C Controles de palco		**G** Código de área	
D Lista de objetos			

Como os atores de uma peça, seus personagens se movem pelo palco (**A**) sob o controle do seu programa Scratch. Esses personagens são conhecidos como objetos (**B**). Para alterar o cenário, como adicionar seu próprio plano de fundo, use os controles do cenário (**C**). Todos os objetos que você criou ou carregou estão na lista de Objetos (**D**).

Todos os blocos disponíveis para o seu programa aparecem na paleta de blocos (**E**), que apresenta categorias codificadas por cores. Blocos (**F**) são partes de código pré-escritos. Você constrói seu programa na área de código (**G**) arrastando e soltando blocos da paleta de blocos para formar scripts.

VERSÕES DE RISCO

Existem duas versões do Scratch disponíveis para Raspberry Pi OS: Scratch e Scratch 3. Este livro foi escrito para o Scratch 3, que só é compatível com Raspberry Pi 4, 5 e 400.

Seu primeiro programa Scratch: Olá, mundo!

O Scratch 3 carrega como qualquer outro programa no Raspberry Pi: clique no ícone do Raspberry Pi para carregar o menu do Raspberry Pi, mova o cursor para a seção **Desenvolvimento** e clique em Scratch 3. Após alguns segundos, a interface do usuário do Scratch 3 será exibida. Você poderá ver uma mensagem sobre a coleta de dados: você pode clicar em **Compartilhar meus dados de utilização com a Equipe Scratch** se desejar enviar dados de uso para a equipe do Scratch, caso contrário, clique em **Não compartilhar meus dados de utilização com a Equipe Scratch**. O Scratch terminará de carregar assim que você fizer sua escolha.

A maioria das linguagens de programação exige que você diga ao computador o que fazer por meio de instruções escritas, mas o Scratch é diferente. Comece clicando na categoria **Aparência** na paleta de blocos, localizada à esquerda da janela do Scratch. Isso traz os blocos roxos nessa categoria. Encontre o bloco `diga Olá!`, clique e segure o botão esquerdo do mouse sobre ele e arraste-o para a área de código no centro da janela do Scratch antes de soltar o botão do mouse (**Figura 4-1**).

Observe o formato do bloco que você acabou de deixar cair: ele tem um buraco na parte superior e uma peça correspondente saindo na parte inferior. Como uma peça de quebra-cabeça, isso mostra que o bloco espera ter algo acima e algo abaixo dele. Para este programa, algo acima é um *trigger*.

Clique na categoria **Eventos** da paleta de blocos, de cor dourada, depois clique e arraste o bloco `quando 🏳 for clicado` — conhecido como bloco *hat* — para a área de código. Posicione-o de forma que a ponta que sai da parte inferior se conecte ao orifício na parte superior do bloco `diga Olá!` até ver um contorno branco e, em seguida, solte o botão do mouse. Você não precisa ser preciso; se estiver perto o suficiente, o bloco se encaixará no lugar. Caso contrário, clique e segure-o novamente para ajustar sua posição até que isso aconteça.

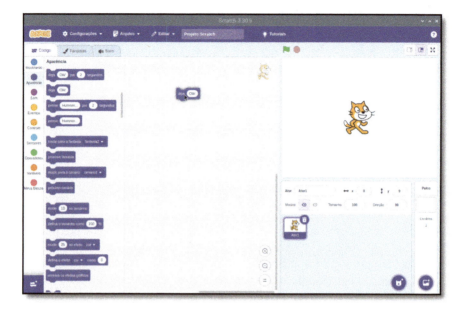

Figura 4-1   Arraste e solte o bloco na área de código

Seu programa agora está completo. Para fazê-lo funcionar, conhecido como *executando* o programa, clique no ícone da bandeira verde no canto superior esquerdo da área do palco. Se tudo correr bem, o gato no palco irá cumprimentá-lo com um alegre "Hello!" (**Figura 4-2**) — seu primeiro programa é um sucesso!

Antes de prosseguir, nomeie e salve seu programa. Clique no menu **Arquivo**, depois em **Baixar para o seu computador.** Digite um nome e clique no botão **Salvar** botão (**Figura 4-3**).

O QUE ELE PODE DIZER?

Alguns blocos no Scratch podem ser modificados. Experimente clicar na palavra '`Olá!`', digite outra coisa e clique na bandeira verde novamente. O que acontece no palco?

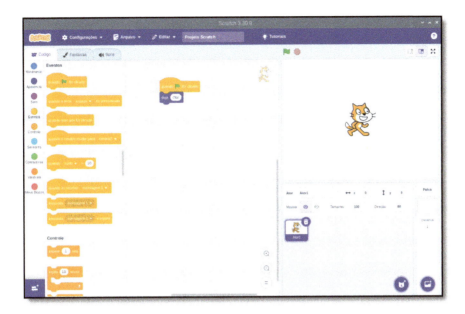

Figura 4-2 Clique na bandeira verde acima do palco e o gato dirá 'Olá'

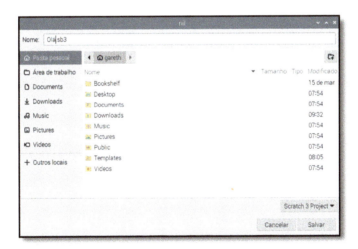

Figura 4-3 Salve seu programa com um nome memorável

Próximas etapas: sequenciamento

Seu programa possui dois blocos, mas possui apenas uma instrução real: dizer **Olá!** toda vez que o programa for executado. Para fazer mais, você precisa saber sobre *sequenciamento*. Os programas de computador, na sua forma mais simples, são uma lista de instruções, tal como uma receita. Cada instrução segue a última em uma progressão lógica conhecida como *sequência linear*.

Comece clicando e arrastando o bloco **diga Olá!** da área de código de volta para a paleta de blocos (**Figura 4-4**). Isso exclui o bloco, removendo-o do seu programa e deixando apenas o **ativador** bloco **quando ⚑ for clicado** .

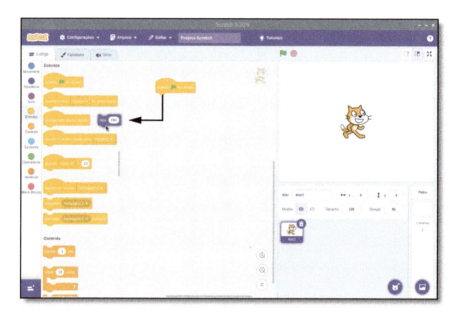

Figura 4-4 Para excluir um bloco, simplesmente arraste-o para fora da área de código

Clique na categoria **Movimento** na paleta de blocos e, em seguida, clique e arraste o bloco **mova 10 passos** para que ele trave no lugar sob o bloco de gatilho na área de código.

Como o nome sugere, isso diz ao seu objeto — o gato — para mover um determinado número de passos na direção para a qual está voltado no momento.

Em seguida, adicione mais instruções ao seu programa para criar uma sequência: clique na categoria **Som**, com código de cor rosa, depois clique e arraste o bloco `toque o som Miau até o fim` para que ele trave abaixo do bloco `mova 10 passos`. Agora continue a sequência: clique na categoria **Movimento** novamente e arraste outro bloco `mova 10 passos` para baixo do seu bloco **Som**, mas desta vez mude **10** para **-10** criar um bloco `mova -10 passos`.

Clique na bandeira verde acima do palco para executar o programa. Você verá o gato se mover para a direita, emitir um som de 'miau' — certifique-se de ter alto-falantes ou fones de ouvido conectados para ouvi-lo — e depois voltar ao início. Cada vez que você clicar na bandeira verde o gato repetirá essas ações.

Parabéns! Você criou uma sequência de instruções, que o Scratch executa uma de cada vez, de cima para baixo. Embora o Scratch execute apenas uma instrução por vez da sequência, ele o faz muito rapidamente: tente excluir o bloco `toque o som Miau até o fim` clicando e arrastando o bloco `mova -10 passos` inferior para separá-lo, arrastando o bloco `toque o som Miau até o fim` para a paleta de blocos e substituindo-o pelo bloco `toque o som Miau` mais simples antes de arrastar o bloco `mova -10 passos` de volta para a parte inferior do seu programa.

Clique na bandeira verde para executar seu programa novamente. Só que desta vez o gato não parece se mover. O objeto está se movendo, mas recua tão rapidamente que parece estar parado. Isso ocorre porque usar o bloco `toque o som Miau` não significa que o programa irá esperar o som terminar de tocar antes da próxima etapa. Como o Raspberry Pi "pensa" muito rápido, a próxima instrução é executada antes que você possa ver o movimento do objeto gato.

Há outra maneira de corrigir isso, além de usar o bloco **toque o som Miau até o fim** clique na categoria laranja-claro **Controle** da paleta de blocos, depois clique e arraste um bloco **espere 1 seg** entre o bloco **toque o som Miau** e o bloco **mova -10 passos** inferior.

Clique na bandeira verde para executar seu programa uma última vez e você verá que o objeto gato espera um segundo depois de se mover para a direita antes de voltar novamente. Isso é conhecido como *delay*, e é a chave para controlar quanto tempo sua sequência de instruções leva para ser executada.

DESAFIO: ADICIONE MAIS ETAPAS

Tente adicionar mais etapas à sua sequência e alterar os valores nas etapas existentes. O que acontece quando o número de etapas em um bloco **mova passos** não corresponde ao número de etapas em outro? O que acontece se você tentar reproduzir um som enquanto outro ainda estiver tocando?

Dando um loop no loop

A sequência que você criou até agora é executada apenas uma vez. Você clica na bandeira verde, o gato se move e mia, e então o programa para até você clicar na bandeira verde novamente. Porém, ele não precisa parar, porque o Scratch inclui um tipo de bloco **Controle** conhecido como *loop*.

Clique na categoria **Controle** na paleta de blocos e encontre o **sempre** bloco. Clique e arraste-o para a área de código e solte-o abaixo do bloco **quando ⚑ for clicado** e acima do primeiro bloco **mova 10 passos**.

O bloco **sempre** em forma de C cresce automaticamente para cercar os outros blocos da sua sequência. Clique na bandeira verde agora e você verá rapidamente o que o bloco `sempre` faz: em vez de seu programa ser executado uma vez e finalizado, ele será executado repetidamente — literalmente para sempre. Na programação, isso é conhecido como *loop infinito* — um loop que nunca termina.

Se o som do miado constante estiver ficando um pouco exagerado, clique no octógono vermelho próximo à bandeira verde acima da área do palco para interromper o programa. Para alterar o tipo de loop, puxe o primeiro bloco `mova 10 passos` e os blocos abaixo dele para fora do bloco `sempre` e solte-os abaixo do bloco `quando ⚑ for clicado`. Clique e arraste o bloco `sempre` para a paleta de blocos para excluí-lo e, em seguida, clique e arraste o bloco `repita 10 vezes` sob o `quando ⚑ for clicado` bloco para que ele contorne os outros blocos.

Clique na bandeira verde para executar seu programa novamente. A princípio, parece estar fazendo a mesma coisa que sua versão original: repetindo sua sequência de instruções indefinidamente. Desta vez, porém, em vez de continuar para sempre, o loop terminará após dez repetições. Isso é conhecido como *loop definido* — você define quando ele terminará. Loops são ferramentas poderosas, e a maioria dos programas, especialmente jogos e programas de detecção, fazem uso intenso de loops infinitos e definidos.

O QUE ACONTECE AGORA?

O que acontece se você alterar o número no bloco de loop para aumentá-lo? O que acontece se for menor? O que acontece se você colocar o número 0 no bloco de loop?

Variáveis e condicionais

Os conceitos finais que você precisa entender antes de começar a codificar programas Scratch para valer estão intimamente relacionados: *variáveis* e *condicionais*. Uma variável é, como o nome sugere, um valor que pode variar — em outras palavras, mudar — ao longo do tempo e sob o controle do programa. Uma variável possui duas propriedades principais: seu nome e o valor que ela armazena. Esse valor também não precisa ser um número. Podem ser números, texto, verdadeiro ou falso (também conhecidos como valores booleanos) ou completamente vazios — conhecidos como *valor nulo*.

Variáveis são ferramentas poderosas. Pense nas coisas que você precisa monitorar em um jogo: a saúde de um personagem, a velocidade do objeto em movimento, o nível que está sendo jogado e a pontuação. Todos estes são rastreados como variáveis.

Primeiro, clique no menu **Arquivo** e salve o programa existente clicando em **Baixar para o seu computador**. Se você salvou o programa anteriormente, será perguntado se deseja substituí-lo, substituindo a cópia antiga salva pela sua versão nova e atualizada. Em seguida, clique em **Arquivo** e depois em **Novo** para iniciar um novo projeto em branco (clique em **OK** quando perguntado se deseja substituir o conteúdo do projeto atual). Clique na categoria laranja-escuro **Variáveis** na paleta de blocos e depois no botão **Criar uma Variável**. Digite **loops** como o nome da variável (**Figura 4-5**) e clique em **OK** para fazer uma série de blocos aparecer na paleta de blocos.

Clique e arraste o bloco `mude loops para 0` para a área de código. Isso diz ao seu programa para *inicializar* a variável com um valor 0. Em seguida, clique na categoria **Aparência** da paleta de blocos e arraste o bloco `diga Olá! por 2 segundos` para baixo do seu bloco `mude loops para 0`.

Figura 4-5 Dê um nome à sua nova variável

Como você descobriu anteriormente, os blocos **diga Olá!** fazem com que o objeto gato diga o que está escrito neles. Em vez de escrever a mensagem no bloco você mesmo, você pode usar uma variável. Clique novamente na categoria **Variáveis** na paleta de blocos, depois clique e arraste o bloco **loops** arredondado — conhecido como *reporter block*, encontrado no topo da lista com uma caixa de seleção ao lado dele — sobre a palavra **Olá!** no seu bloco **diga Olá! por 2 segundos**. Isso cria um novo bloco combinado: **diga loops por 2 segundos**.

Clique na categoria **Eventos** na paleta de blocos, depois clique e arraste o bloco **quando ⚑ for clicado** para colocá-lo no topo de sua sequência de blocos. Clique na bandeira verde acima da área do palco e você verá o objeto do gato dizer "**0**". (**Figura 4-6**) — o valor que você deu à variável **loops**.

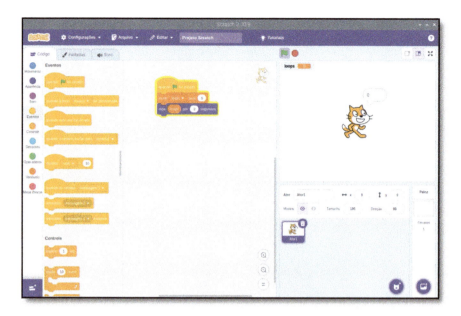

Figura 4-6   Desta vez o gato dirá o valor da variável

As variáveis não são imutáveis, no entanto. Clique na categoria na paleta de blocos, depois clique e arraste o bloco ⬭adicione 1 a loops⬭ para colocá-lo no topo de sua sequência de blocos.

Em seguida, clique na categoria **Controle**, clique e arraste um bloco ⬭repita 10 vezes⬭ e solte-o para que comece diretamente abaixo do bloco ⬭mude loops para 0⬭ e envolva os blocos restantes em sua sequência.

Clique na bandeira verde novamente. Desta vez, você verá o gato contar de 0 a 9. Isso funciona porque seu programa agora está alterando, ou *modificando*, a própria variável: toda vez que o loop é executado, o programa adiciona um ao valor na variável **loops** (Figura 4-7).

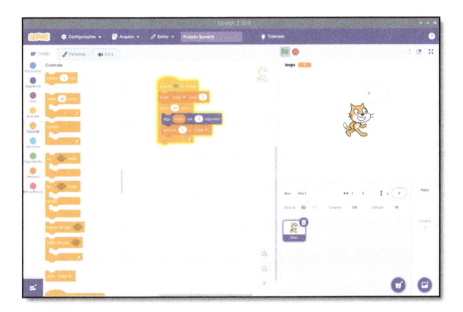

Figura 4-7   Graças ao loop, o gato agora conta para cima

Você pode fazer mais com uma variável do que modificá-la. Clique e arraste o bloco `diga loops por 2 segundos` para tirá-lo do bloco `repita 10 vezes` e solte-o abaixo do bloco `repita 10 vezes`. Clique e arraste o bloco `repita 10 vezes` para a paleta de blocos para excluí-lo e, em seguida, substitua-o por um bloco `repita até que`, certificando-se de que o bloco esteja conectado à parte inferior do bloco `mude loops para 0`. Ele deve cercar os outros blocos da sua sequência. Em seguida, clique na categoria **Operadores** na paleta de blocos, com código de cor verde, clique e arraste o bloco `⬭=⬭` em forma de diamante e solte-o no orifício em forma de diamante correspondente no bloco `repita até que`.

Este bloco **Operadores** permite comparar dois valores, incluindo variáveis. Clique na categoria **Variáveis**, arraste o bloco repórter `loops` para o espaço vazio no bloco  **Operadores**, clique no espaço com **50** e digite o número **10**.

Clique na bandeira verde acima da área do palco e você verá que o programa funciona da mesma maneira que antes: o objeto gato conta de 0 a 9 (**Figura 4-8**) e então o programa para. Isso ocorre porque o bloco `repita até que` está funcionando exatamente da mesma maneira que o bloco `repita 10 vezes`, mas em vez de contar o número de loops em si, ele está comparando o valor da variável **loops** com o valor que você digitou à direita do bloco. Quando a variável **loops** atinge 10, o programa para.

Figura 4-8 Usando um bloco "repeat until" com um operador comparativo

Isso é conhecido como *operador comparativo*: compara literalmente dois valores. Clique na categoria **Operadores** da paleta de blocos e encontre os outros dois blocos em forma de diamante acima e abaixo daquele com o símbolo **=**. Estes também são operadores comparativos: **<** compara dois valores e é acionado quando o valor à esquerda é menor que o da direita, e **>** aciona quando o valor à esquerda é maior que o da direita.

Clique na categoria **Controle** da paleta de blocos, encontre o bloco `se então`, clique e arraste-o para a área de código antes de soltá-lo diretamente abaixo do bloco `diga loops por 2 segundos`. Ele envolverá automaticamente o bloco `adicione 1 a loops`, então clique e arraste nesse bloco para movê-lo para que ele se conecte à parte inferior do seu bloco `se então`. Clique na categoria **Aparência** da paleta de blocos, depois clique e arraste um bloco `diga Olá! por 2 segundos` e solte-o dentro do seu bloco `se então`. Clique na categoria **Operadores** da paleta de blocos e, em seguida, clique e arraste o bloco `< ● > ●` para o orifício em forma de diamante no seu bloco `se então`.

O bloco `se então` é um bloco **condicional**, o que significa que os blocos dentro dele só serão executados se uma determinada condição for atendida. Clique na categoria **Variáveis**, arraste o bloco repórter `loops` para o espaço vazio no bloco `< ● > ●`, clique no espaço com **50** e digite o número **5**. Por fim, clique na palavra **Olá!** no seu `diga Olá! por 2 segundos` bloco e tipo **É muito alto!**.

Clique na bandeira verde para executar seu programa novamente. A princípio, funcionará como antes, com o objeto do gato contando de zero para cima. Quando o número chegar a seis, o primeiro número maior que cinco, o bloco `se então` começará a disparar e o objeto gato comentará quão alto os números estão ficando (**Figura 4-9**). Parabéns: agora você pode trabalhar com variáveis e condicionais!

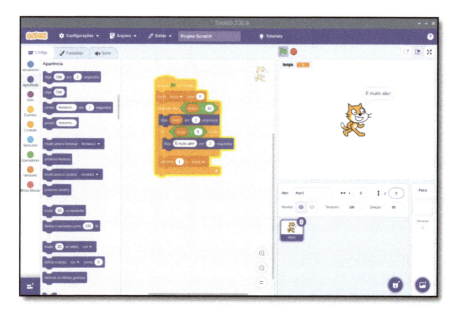

Figura 4-9   O gato faz um comentário quando o número chega a seis

DESAFIO: ALTO E BAIXO

Como você poderia mudar o programa para que o objeto gato comentasse quão baixos são os números abaixo de cinco? Você pode alterá-lo para que o gato comente tanto os números altos quanto os baixos? Experimente o bloco `se então senão` para tornar isso mais fácil!

Projeto 1: Temporizador de reação do astronauta

Agora que você entende como o Scratch funciona, é hora de fazer algo um pouco mais interativo: um temporizador de reação, projetado para homenagear o astronauta britânico da ESA, Tim Peake, e seu tempo a bordo da Estação Espacial Internacional.

Salve seu programa existente, se quiser mantê-lo, abra um novo projeto clicando em **Arquivo** e **Novo**. Antes de começar, dê um nome clicando em **Arquivo** e **Baixar para o seu computador**: chame-o de "Temporizador de reação do astronauta".

Este projeto depende de duas imagens — uma como plano de fundo do palco e outra como objeto — que não estão incluídas nos recursos integrados do Scratch. Para baixá-las, clique no ícone do Raspberry Pi para carregar o menu do Raspberry Pi, mova o ponteiro do mouse para **Internet** e clique em **Navegador de Navegador de Internet Chromium Chromium**. Quando o navegador for carregado, digite **rptl.io/astro-bg** na barra de endereço e pressione a tecla **ENTER**. Clique com o botão direito na imagem do espaço e clique em **Salvar imagem como**, a seguir clique no botão **Salvar** (**Figura 4-10**). Clique novamente na barra de endereço e digite **rptl.io/astro-sprite** seguido pela tecla **ENTER**.

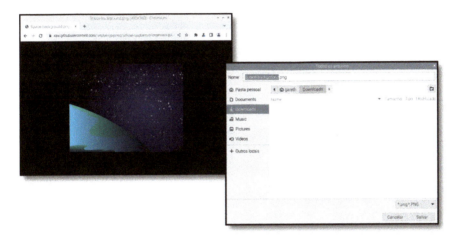

Figura 4-10   Salve a imagem de fundo

Novamente, clique com o botão direito na imagem de Tim Peake e clique em **Salvar imagem como**, escolha a pasta **Downloads** e clique no botão **Salvar**. Com essas duas imagens salvas, você pode fechar o Chromium ou deixá-lo aberto e usar a barra de tarefas para voltar ao Scratch 3.

INTERFACE DO USUÁRIO

Se você acompanhou este capítulo desde o início, você deve estar familiarizado com a interface de usuário do Scratch 3. As instruções do projeto a seguir dependerão de você saber onde estão as coisas; se você esquecer onde encontrar algo, veja a imagem da interface do usuário no início deste capítulo para se lembrar.

Clique com o botão direito no ator gato na lista e clique em **apagar**. Passe o cursor do mouse sobre o ícone **Selecionar Cenário** do ⊙. Em seguida, clique no ícone **Carregar Cenário** ⬆ da lista que aparece.

Encontre o arquivo **Space-background.png** na pasta Downloads, clique nele para selecioná-lo e clique em **OK**. O fundo branco liso do palco mudará para a imagem do espaço e a área de código será substituída pela área de cenários (**Figura 4-11**). Aqui você pode desenhar sobre o pano de fundo, mas por enquanto basta clicar na aba marcada Código no topo da janela do Scratch 3.

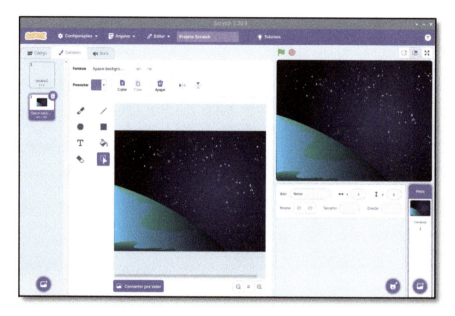

Figura 4-11   O fundo de espaço aparece no palco

Carregue seu novo objeto passando o ponteiro do mouse sobre o ícone **Selecione um Ator** ⬤. Em seguida, clique no ícone **Enviar Ator** ⬆ no topo da lista que aparece. Encontre o arquivo **Astronaut-Tim.png** na pasta Downloads, clique nele para selecioná-lo e clique em **OK**. O objeto aparece no palco automaticamente, mas pode não estar no meio do palco: clique e arraste-o com o mouse e solte-o para que fique próximo ao centro inferior (**Figura 4-12**).

Com seu novo plano de fundo e objeto configurados, clique na guia **Código**. Comece criando uma nova variável chamada `tempo`, certificando-se de que **Para todos os atores** esteja selecionado antes de clicar em **OK**. Clique no seu objeto — no palco ou no painel do objeto — para selecioná-lo e, em seguida, adicione um bloco `quando 🏳 for clicado` da categoria **Eventos** à área de código. Em seguida, adicione um bloco `diga Olá! por 2 segundos` da categoria **Aparência** e clique nele para alterá-lo para `Olá! Tim Peake, astronauta britânico da ESA, falando.`

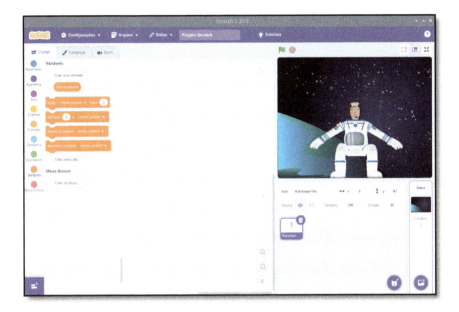

Figura 4-12 Arraste o objeto astronauta para o centro inferior do palco

```
quando [bandeira] for clicado
diga  Olá! Tim Peake, astronauta britânico da ESA, falando.  por  2  segundos
```

Adicione um bloco `espere 1 seg` da categoria **Controle** e depois um bloco `diga Olá!` . Altere este bloco para "`Aperte Espaço!`" e adicione um bloco `zere o cronômetro` da categoria **Sensores**. Isso controla uma variável especial incorporada ao Scratch para cronometrar as coisas e será usada para cronometrar a rapidez com que você pode reagir no jogo.

```
quando [bandeira] for clicado
diga  Olá! Tim Peake, astronauta britânico da ESA, falando.  por  2  segundos
espere  1  seg
diga  Aperte Espaço!
zere o cronômetro
```

Adicione um bloco `espere até que` **Controle** e arraste um bloco `tecla espaço pressionada?` **Sensores** para seu espaço em branco. Isso pausará o programa até que você pressione a tecla **SPACE** no teclado, mas o cronômetro continuará funcionando — contando exatamente quanto tempo se passou entre a mensagem solicitando "`Aperte Espaço!`" e quando você realmente pressionou a chave **SPACE**.

Agora você precisa que Tim lhe diga quanto tempo levou para pressionar a tecla **SPACE**, mas de uma forma que seja fácil de ler. Para fazer isso, você precisará de um bloco `junte` **Operadores**. Isso pega dois valores, incluindo variáveis, e os une um após o outro — conhecido como *concatenação*.

Comece com um bloco `diga Olá!` e, em seguida, arraste e solte um bloco `junte` **Operadores** sobre a palavra **Olá!**. Clique em **maçã** e digite `Seu tempo de reação foi` — certifique-se de ter um espaço em branco no final — e arraste outro bloco **junte com** por cima de **plátano** na segunda caixa. Arraste um bloco `cronômetro` **Reporter** da categoria **Sensores** para o que agora é a caixa do meio e digite ` segundos`. na última caixa — certifique-se de incluir um espaço em branco no início.

Por fim, arraste um bloco `mude minha variável para 0` **Variáveis** para o final da sua sequência. Clique na seta suspensa ao lado de "**minha variável**" e clique em "**tempo**" na lista e, em seguida, substitua **0** por um bloco `cronômetro` **Reporter** da categoria **Sensores**. Seu jogo agora está pronto para ser testado clicando na bandeira verde acima do palco.

Prepare-se e assim que ver a mensagem "`Aperte Espaço!`", pressione a tecla **SPACE** o mais rápido que puder (**Figura 4-13**).

Veja se você consegue bater nossa pontuação!

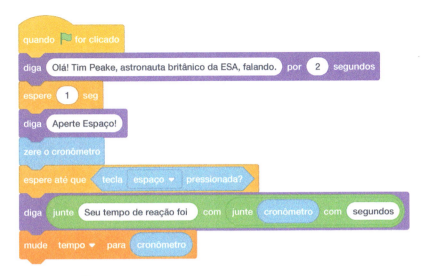

Figura 4-13   Hora de jogar!

Você pode estender este projeto ainda mais, calculando aproximadamente a distância percorrida pela Estação Espacial Internacional no tempo que levou para pressionar a tecla **SPACE**, com base na velocidade publicada da estação de sete quilômetros por segundo. Primeiro, crie uma nova variável chamada `distância`. Observe como os blocos na categoria **Variáveis** mudam automaticamente para mostrar a nova variável, mas os blocos de variáveis `tempo` existentes em seu programa permanecem os mesmos.

Adicione um bloco `mude distância para 0` e arraste um bloco `○ * ○` **Operadores** — que indica multiplicação — sobre **0**. Arraste um bloco `tempo` **Reporter** sobre o primeiro espaço em branco e digite o número **7** no segundo espaço. Quando terminar, seu bloco combinado será `mude distância para time * 7`. Isso levará o tempo que você levou para pressionar a tecla **SPACE** e multiplicar por sete, para obter a distância em quilômetros que a ISS percorreu.

Adicione um bloco `espere 1 seg` e altere-o para **4**. Em seguida, arraste outro bloco `diga Olá!` para o final da sua sequência e adicione dois `junte` blocos, como fez antes. No primeiro espaço, acima de **maçã**, digite `Nesse tempo, a ISS viaja`, lembrando um espaço no final; no espaço **plátano**, digite `quilômetros.`, lembrando novamente um espaço no início.

Por fim, arraste um bloco `round` **Operadores** para o espaço em branco do meio e, em seguida, arraste um bloco `distância` **Reporter** para o novo espaço em branco que ele cria. O bloco `round` arredonda os números para cima ou para baixo até o número inteiro mais próximo, portanto, em vez de um número de quilômetros hiperpreciso, mas difícil de ler, você obterá um número inteiro fácil de ler.

Clique na bandeira verde para executar seu programa e ver a distância que a ISS percorre no tempo que você leva para pressionar a tecla **SPACE** key (**Figura 4-14**). Lembre-se de salvar seu programa quando terminar, para que você possa carregá-lo facilmente novamente no futuro, sem ter que começar do início!

Projeto 2: Nado sincronizado

A maioria dos jogos usa mais de um botão. Este projeto demonstra isso, oferecendo controle de dois botões usando as teclas de seta esquerda e direita do teclado.

Crie um novo projeto e salve-o como "Natação sincronizada". Clique em **Palco** na seção de controle do palco e, em seguida, clique na guia **Cenários** no canto superior esquerdo. Clique no botão **Converter para Bitmap** abaixo do pano de fundo. Escolha uma cor azul semelhante à água na paleta **Preencher** e clique no ícone **Preencher** . Em seguida, clique no fundo xadrez para preenchê-lo com azul (**Figura 4-15**).

Clique com o botão direito no objeto gato na lista e clique em **apagar**. Clique no ícone **Selecione um Ator** para ver uma lista de objetos integrados. Cli-

Figura 4-14   Tim conta a distância percorrida pela ISS

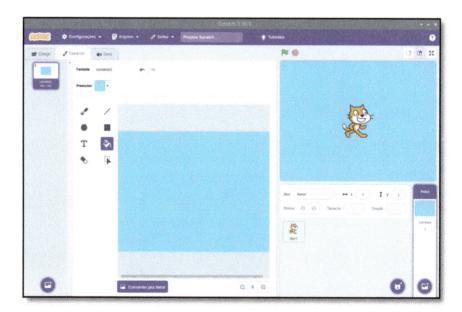

Figura 4-15   Preencha o fundo com uma cor azul

que na categoria **Animais,** depois em **"Cat Flying"** (**Figura 4-16**), e em OK. Este objeto também funciona bem para projetos de natação.

Figura 4-16   Escolha um objeto da biblioteca

Clique no novo objeto e arraste dois blocos `quando a tecla espaço for pressionada` **Eventos** para a área de código. Clique na pequena seta para baixo ao lado da palavra "espaço" no primeiro bloco e escolha **seta para esquerda** na lista de opções possíveis.

Arraste um bloco `gire ↻15 graus` **Movimento** sob o bloco `quando a tecla seta para esquerda for pressionada` e faça o mesmo com o segundo bloco **Eventos,** exceto escolher **seta para direita** na lista e usar um bloco `gire ↺15 graus` **Movimento.**

Pressione a tecla de seta para a esquerda ou para a direita para testar seu programa. Você verá o objeto gato girando enquanto você faz isso, combinando a direção escolhida no teclado. Notou como você não precisou clicar na bandeira verde desta vez? Isso ocorre porque os blocos de gatilho **Eventos** que você usou estão sempre ativos, mesmo quando o programa não está "executando" no sentido usual.

Faça os mesmos passos duas vezes novamente, mas desta vez escolhendo **seta para cima** e **seta para baixo** para os blocos de gatilho **Eventos**, depois `mova 10 passos` e `mova -10 passos` para os blocos **Movimento**. Pressione as teclas de seta agora e você verá que seu gato também pode se virar e nadar para frente e para trás!

Para tornar o movimento do objeto gato mais realista, você pode alterar sua aparência — conhecida nos termos do Scratch como *fantasia*. Clique no objeto do gato e, em seguida, clique na guia **Fantasias** acima da paleta de blocos. Clique na fantasia "**cat flying-a**" e clique no ícone da lixeira 🗑 que aparece no canto superior direito para excluí-la. Em seguida, clique na fantasia "**cat flying-b**" e use a caixa de nome na parte superior para renomeá-la para "direito" (**Figura 4-17**).

Clique com o botão direito no traje 'certo' recém-renomeado e clique em **duplicar** para criar uma cópia. Clique nesta cópia para selecioná-la e, em seguida, clique no ícone **Selecionar** 🔳. Em seguida, clique no ícone **Espelhar Horizontalmente** ▸◂. Finalmente, renomeie a fantasia duplicada para "esquerda" (**Figura 4-18**). Você terminará com duas "fantasias" para o seu objeto, que são imagens espelhadas exatas: uma chamada "direito" com o gato voltado para a direita e outra chamada "esquerda" com o gato voltado para a esquerda.

Clique na guia **Código** acima da área de fantasias e arraste dois blocos `esquerda` **Aparência** sob os blocos de seta para a esquerda e para a direita **Eventos**, alterando aquele abaixo do bloco de seta para a direita para `mude para a fantasia direito`. Experimente as teclas de seta novamente; o gato agora parece se virar para a direção em que está nadando.

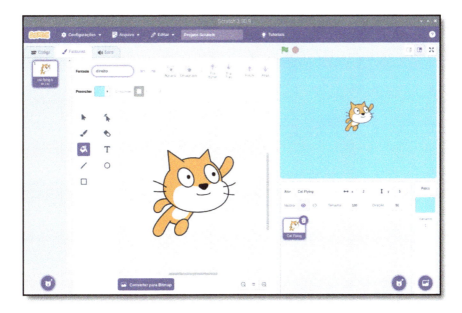

Figura 4-17   Renomeie a fantasia como "direito"

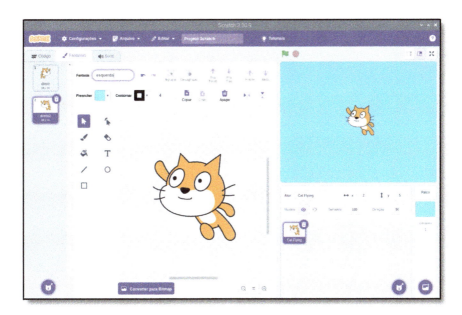

Figura 4-18   Duplique a fantasia, vire-a e nomeie-a como 'esquerda'

```
quando a tecla  seta para esquerda ▾  for pressionada
mude para a fantasia   esquerda ▾
gire ↺ 15 graus
```

```
quando a tecla  seta para direita ▾  for pressionada
mude para a fantasia   direito ▾
gire ↻ 15 graus
```

No entanto, para o nado sincronizado no estilo olímpico, precisamos de mais nadadores e de uma maneira de redefinir a posição do gato. Adicione um bloco quando ▶ for clicado **Eventos** e, abaixo, adicione um bloco vá para x: 0 y: 0 **Movimento** — alterando os valores se necessário — e um bloco aponte para a direção 90 **Movimento**. Agora, ao clicar na bandeira verde, o gato se move para o meio do palco e fica voltado para a direita.

Para criar mais nadadores, adicione um bloco repita 6 vezes — alterando o valor padrão de "**10**" — e adiciona um bloco crie clone de este ator **Controle** dentro dele. Para fazer com que os nadadores não nadem todos na mesma direção, adicione um bloco gire ↺ 60 graus acima do bloco crie clone de , mas ainda dentro do bloco repita 6 vezes . Clique na bandeira verde e experimente as teclas de seta agora para ver seus nadadores ganharem vida!

Para completar a sensação olímpica, você precisará adicionar um pouco de música. Clique na guia **Sons** acima da paleta de blocos e, a seguir, clique no ícone **Selecione um Som** ⊙. Clique na categoria **Loops** e navegue pela lista (**Figura 4-19** até encontrar alguma música que você goste — optamos por "**Dance Around**". Clique no botão **OK** para escolher a música e, a seguir, clique na guia **Código** para abrir a área de código novamente.

Figura 4-19   Selecione um loop de música da biblioteca de sons

Adicione outro bloco <quando ⚑ for clicado> **Eventos** à sua área de código e, em seguida, adicione um bloco <sempre> **Controle**. Dentro deste bloco **Controle**, adicione um bloco <toque o som dance around até o fim> — lembrando-se de procurar o nome da música que você escolheu — e clique na bandeira verde para testar seu novo programa. Se quiser parar a música, clique no botão parar (o octógono vermelho) para parar o programa e silenciar o som!

Finalmente, você pode simular uma rotina de dança completa adicionando um novo gatilho de evento ao seu programa. Adicione um bloco **quando a tecla espaço for pressionada** **Eventos** e, em seguida, um bloco **mude para a fantasia direito**.

Abaixo disso, adicione um bloco **repita 36 vezes** — lembre-se de alterar o valor padrão — e dentro dele um bloco **gire ↻ 10 graus** e um bloco **mova 10 passos**.

Clique na bandeira verde para iniciar o programa, depois pressione a tecla **SPACE** para experimentar a nova rotina (**Figura 4-20**) e salve seu programa quando terminar!

Figura 4-20 A coreografia de natação sincronizada finalizada

```
quando a tecla  seta para esquerda ▼  for pressionada
mude para a fantasia  esquerda ▼
gire ↺ 15 graus
```

```
quando a tecla  seta para direita ▼  for pressionada
mude para a fantasia  direito ▼
gire ↻ 15 graus
```

```
quando a tecla  seta para cima ▼  for pressionada
mova 10 passos
```

```
quando a tecla  seta para baixo ▼  for pressionada
mova -10 passos
```

```
quando 🏳 for clicado
vá para x: 0  y: 0
aponte para a direção 90
repita 6 vezes
  gire ↻ 60 graus
  crie clone de  este ator ▼
```

```
quando 🏳 for clicado
sempre
  toque o som  Dance Around ▼  até o fim
```

```
quando a tecla  espaço ▼  for pressionada
mude para a fantasia  direito ▼
repita 36 vezes
  gire ↻ 10 graus
  mova 10 passos
```

DESAFIO: ROTINA PERSONALIZADA

Você pode criar sua própria coreografia de natação sincronizada usando loops? O que você precisaria mudar se quisesse mais (ou menos) nadadores? Você pode adicionar várias coreografias de natação que podem ser acionadas usando diferentes teclas do teclado?

Projeto 3: Jogo de tiro com arco

Agora que você está se tornando um especialista em Scratch, é hora de trabalhar em algo um pouco mais desafiador: um jogo de tiro com arco, onde o jogador deve acertar um alvo com um arco e flecha balançando aleatoriamente.

Comece abrindo o navegador Chromium e digitando **rptl.io/archery** na barra de endereço, seguido pela tecla **ENTER**. Os recursos do jogo estão contidos em um arquivo zip, então você precisará descompactá-lo. Para fazer isso, clique com o botão direito no arquivo e selecione **Extrair aqui**. Volte para Scratch 3 e clique no menu **Arquivo** seguido de **Carregar do seu computador**. Clique em **ArcheryResources.sb3** seguido do botão **Selecionar**. Você terá que responder se deseja substituir o conteúdo do seu projeto atual. Se você não salvou suas alterações, clique em **Cancelar** e salve-as, depois clique em **OK**.

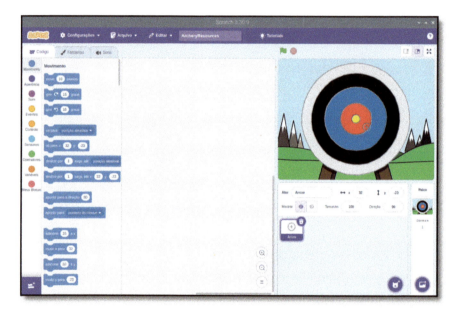

Figura 4-21 Projeto de recursos carregado para o jogo de tiro com arco

O projeto que você acabou de carregar contém um pano de fundo e um objeto (**Figura 4-21**), mas nenhum código real para fazer um jogo: adicionar esse é o seu trabalho. Comece adicionando um bloco `quando  🏴  for clicado` e depois um bloco `transmita mensagem 1`. Clique na seta para baixo no final do bloco e, a seguir, clique em "**Nova Mensagem**" e digite "**nova seta**" antes de clicar no botão **OK**. No seu bloco agora está escrito `transmita nova seta`.

Uma transmissão é uma mensagem de uma parte do seu programa que pode ser recebida por qualquer outra parte do seu programa. Para que ele realmente faça algo, adicione um bloco `quando eu receber mensagem 1` e altere-o novamente para `quando eu receber nova seta`. Desta vez você pode simplesmente clicar na seta para baixo e escolher **nova seta** na lista; você não precisa criar a mensagem novamente.

Abaixo do bloco `quando eu receber nova seta`, adicione um bloco `vá para x: -150 y: -150` e um bloco `defina o tamanho como 400 %`. Lembre-se de que esses não são os valores padrão para esses blocos, então você precisará alterá-los depois de arrastá-los para a área de código. Clique na bandeira verde para ver o que você fez até agora: o objeto de flecha, que o jogador usa para mirar no alvo, saltará para o canto inferior esquerdo do cenário e quadruplicará de tamanho.

Para desafiar o jogador, adicione movimento para simular o balanço do arco conforme ele é puxado para trás e o arqueiro mira. Arraste um `sempre` bloco, seguido por um bloco `deslize por 1 segs. até x: -150 y: -150`. Edite a primeira caixa branca para dizer **0.5** em vez de **1** e, em seguida, coloque um bloco `número aleatório entre -150 e 150` **Operadores** em cada uma das outras duas caixas brancas. Isso significa que a flecha irá flutuar pelo cenário em uma direção aleatória, por uma distância aleatória — tornando muito mais difícil acertar o alvo!

Clique na bandeira verde novamente e você verá o que o bloco faz: seu objeto de flecha agora está vagando pelo cenário, cobrindo diferentes partes do alvo. No momento, porém, você não tem como atirar a flecha no alvo.

Arraste um bloco `quando a tecla espaço for pressionada` para sua área de código, seguido por um bloco `pare todos` **Controle**. Clique na seta para baixo no final do bloco e altere-o para um bloco `pare outros scripts no ator`.

Se você interrompeu seu programa para adicionar os novos blocos, clique na bandeira verde para iniciá-lo novamente e pressione a tecla **SPACE**: você verá o objeto de seta parar de se mover. Isso é um começo, mas você precisa fazer parecer que a flecha está voando em direção ao alvo. Adicione um bloco `repita 50 vezes` seguido por um bloco `mude -10 no tamanho` e clique na bandeira verde para testar seu jogo novamente. Desta vez, a flecha parece estar voando para longe de você e em direção ao alvo.

Para tornar o jogo mais divertido, você deve adicionar uma forma de marcar pontos. Ainda na mesma pilha de blocos, adicione um bloco `se então` — certificando-se de que ele esteja abaixo do bloco `repita 50 vezes` e não dentro dele — com um bloco `tocando na cor ?` **Sensores** em sua lacuna em forma de diamante. Para escolher a cor correta, clique na caixa colorida no final do bloco **Sensores** e depois no ícone **conta-gotas** ✎. Em seguida, clique no alvo amarelo do seu alvo no palco.

Adicione blocos `toque o som cheer` e `diga 200 pontos por 2 segundos` dentro do bloco `se então`. Por fim, adicione um bloco `transmita nova seta` bem no final da pilha de blocos, abaixo e fora do bloco `se então`, para dar ao jogador outra flecha cada vez que ele disparar uma. Clique na bandeira verde para iniciar o jogo e tente acertar o alvo amarelo: ao fazer isso, você será recompensado com aplausos da multidão e uma pontuação de 200 pontos!

O jogo funciona neste ponto, mas pode ser um pouco desafiador. Usando o que você aprendeu neste capítulo, tente adicionar pontuações para acertar partes do alvo que não sejam o alvo: 100 pontos para o vermelho, 50 pontos para o azul e assim por diante. Para mais projetos Scratch para experimentar, consulte Apêndice D, *Leitura adicional*.

```
quando [bandeira] for clicado
transmita nova seta ▼
```

```
quando eu receber nova seta ▼
vá para x: -150 y: -150
defina o tamanho como 400 %
sempre
    deslize por 0.5 segs. até x: número aleatório entre -150 e 150 y: número aleatório entre -150 e 150
```

```
quando a tecla espaço ▼ for pressionada
pare outros scripts no ator ▼
```

```
repita 50 vezes
    mude -10 no tamanho
se tocando na cor ◯ ? então
    toque o som cheer ▼
    diga 200 pontos por 2 segundos
transmita nova seta ▼
```

DESAFIO: VOCÊ PODE MELHORAR?

Como você tornaria o jogo mais fácil? Como você o tornaria mais difícil? Você pode usar variáveis para aumentar a pontuação do jogador à medida que ele dispara mais flechas? Você pode adicionar uma contagem regressiva para colocar mais pressão no jogador?

Capítulo 5

Programando com Python

Agora que você já conhece o Scratch, mostraremos como fazer codificação baseada em texto com Python.

Nomeado em homenagem à trupe de comédia Monty Python, o Python de Guido van Rossum cresceu de um projeto de hobby lançado ao público pela primeira vez em 1991 para uma linguagem de programação muito apreciada que alimenta uma ampla gama de projetos. Ao contrário do ambiente visual do Scratch, o Python é baseado em texto: você escreve instruções, usando uma linguagem simplificada e um formato específico, que o computador então executa.

Python é um ótimo próximo passo para quem já usou o Scratch, oferecendo maior flexibilidade e um ambiente de programação mais tradicional. Isso não quer dizer que seja difícil de aprender: com um pouco de prática, qualquer pessoa pode escrever programas Python para tudo, desde cálculos simples até jogos surpreendentemente complicados.

Este capítulo se baseia em termos e conceitos introduzidos em Capítulo 4, *Programando com Scratch 3*. Se você ainda não praticou os exercícios desse capítulo, achará este capítulo mais fácil de seguir se voltar e fizer isso primeiro.

MODOS THONNY

Thonny tem duas versões principais de sua interface: "Regular Mode" e uma "Simple Mode", que é melhor para iniciantes. Este capítulo usa Simple Mode, que é carregado por padrão quando você abre o Thonny na seção **Desenvolvimento** do menu Raspberry Pi.

Apresentando o Thonny Python IDE

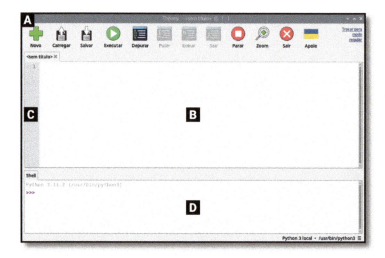

A Barra de ferramentas		**C** Números de linha	
B Área de script		**D** Shell Python	

A interface "Simple Mode" do Thonny usa uma barra de ícones simples (**A**) como menu, permitindo que você crie, salve, carregue e execute seus programas Python, bem como testá-los de várias maneiras. A área de script (**B**) é onde seus programas Python são escritos e é dividida em uma área principal para seu programa e uma pequena margem lateral para mostrar os números das linhas (**C**). Shell Python (**D**) permite que você digite instruções individuais que serão executadas assim que você pressionar a tecla **ENTER** e também fornece informações sobre a execução de programas.

Para alterar o idioma do Thonny, clique nas palavras **Python 3 local** no canto inferior direito da janela do Thonny e, em seguida, em **Configurar interpretador...**. Em seguida, clique na guia **Geral**, escolha o idioma e clique em **OK**.

Seu primeiro programa Python: Olá, mundo!

Assim como os outros programas pré-instalados no Raspberry Pi, o Thonny está disponível no menu: clique no ícone do Raspberry Pi, mova o cursor para a seção **Desenvolvimento** e clique em **Thonny**. Após alguns segundos, a interface do usuário do Thonny (Simple Mode por padrão) será carregada.

Thonny é um pacote conhecido como *ambiente de desenvolvimento integrado (IDE)*, um nome que parece complicado e tem uma explicação simples. Ele reúne ou *integra* todas as diferentes ferramentas necessárias para escrever ou *desenvolver* software em uma única interface de usuário ou *ambiente*. Existem muitos IDEs disponíveis, alguns dos quais suportam muitas linguagens de programação diferentes, enquanto outros, como o Thonny, concentram-se no suporte a uma única linguagem.

Ao contrário do Scratch, que fornece blocos de construção visuais como base para o seu programa, Python é uma linguagem de programação mais tradicional, onde tudo é escrito. Inicie seu primeiro programa clicando na área do shell do Python na parte inferior da janela do Thonny e digite a seguinte instrução antes de pressionar a tecla **ENTER**:

```python
print("Olá, Mundo!")
```

Ao pressionar **ENTER**, você verá que seu programa começa a ser executado instantaneamente. Python responderá, na mesma área do shell, com a mensagem "Olá, mundo!" (**Figura 5-1**), exatamente como você pediu. Isso ocorre porque o shell é uma linha direta para o *intérprete* do Python, cujo trabalho é analisar suas instruções e *interpretar* o que elas significam. Isso é conhecido como *modo interativo*, e você pode pensar nele como uma conversa cara a cara com alguém: assim que você terminar o que está dizendo, a outra pessoa responderá e depois esperará o que quer que você diga a seguir.

Figura 5-1 Python imprime a mensagem "Olá, Mundo!" na área do shell

Porém, você não precisa usar Python no modo interativo. Clique na área do script no meio da janela do Thonny e digite sua instrução novamente:

```python
print("Olá, Mundo!")
```

Ao pressionar a tecla **ENTER** desta vez, tudo o que você obtém é uma nova linha em branco na área do script. Para fazer esta versão do seu programa funcionar, você deve clicar no ícone **Executar** ⏵ na barra de ferramentas do Thonny. Antes de fazer isso, porém, você deve clicar no ícone **Salvar** 💾. Dê ao seu programa um nome descritivo, como **Olá Mundo.py** e clique no botão **OK**. Depois de salvar seu programa, clique no ícone **Executar** ⏵ e você verá duas mensagens aparecerem na área do shell do Python (**Figura 5-2**):

```
>>> %Run 'Olá mundo.py'
 Olá, Mundo!
```

A primeira dessas linhas é uma instrução de Thonny dizendo ao interpretador Python para executar o programa. A segunda é a saída do programa — a mensagem que você disse ao Python para imprimir. Parabéns: você escreveu e executou seu primeiro programa Python nos modos interativo e de script!

Próximas etapas: loops e recuo de código

Assim como o Scratch usa pilhas de blocos semelhantes a quebra-cabeças para controlar quais bits do programa estão conectados a quais outros bits, o Python tem sua própria maneira de controlar a sequência na qual seus pro-

Figura 5-2　Executando seu programa simples

gramas são executados: *indentação*. Crie um novo programa clicando no íco-ne **Novo** ✚centaurna barra de ferramentas do Thonny. Você não perderá seu programa existente; em vez disso, o Thonny criará uma nova guia acima da área de script. Comece digitando o seguinte:

```python
print("Loop começando!")
for i in range(10):
```

A primeira linha imprime uma mensagem simples no shell, assim como o seu programa Olá, Mundo. O segundo inicia um loop *definido*, que funciona da mesma maneira que no Scratch: um contador, **i**, é atribuído ao loop e recebe uma série de números para contar. Esta é a instrução **range**, que diz ao progra-ma para começar no número 0 e trabalhar para cima, mas nunca alcançando, o número 10. O símbolo de dois pontos (**:**) informa ao Python que a próxima instrução deve fazer parte do loop.

No Scratch, as instruções a serem incluídas no loop estão literalmente incluí-das dentro do bloco em forma de C. Python usa uma abordagem diferente: recuar código. A próxima linha começa com quatro espaços em branco, que Thonny deveria ter adicionado quando você pressionou **ENTER** após a linha 2:

```python
print("Número do loop", i)
```

Os espaços em branco empurram esta linha para dentro em comparação com as outras linhas. Esse recuo é como o Python informa a diferença entre instruções fora do loop e instruções dentro do loop; o código recuado é *aninhado*.

Você notará que quando você pressionou **ENTER** no final da terceira linha, Thonny recuou automaticamente a próxima linha, assumindo que ela faria parte do loop. Para remover isso, basta pressionar a tecla **BACKSPACE** uma vez antes de digitar a quarta linha:

```python
print("Loop concluído!")
```

Seu programa de quatro linhas está completo. A primeira linha fica fora do loop e só será executada uma vez. A segunda linha configura o loop; o terceiro fica dentro do loop e será executado uma vez para cada vez que o loop fizer um loop. A quarta linha fica fora do loop mais uma vez.

```python
print("Loop começando!")
for i in range(10):
    print("Número do loop", i)
print("Loop concluído!")
```

Clique no ícone **Salvar** 🖫, salve o programa como **Indentação.py**, depois clique no ícone **Executar** ▶ e observe a área do shell para a saída do seu programa (**Figura 5-3**):

```
Loop começando!
Número do loop 0
Número do loop 1
Número do loop 2
Número do loop 3
Número do loop 4
Número do loop 5
Número do loop 6
Número do loop 7
Número do loop 8
Número do loop 9
Loop concluído!
```

CONTANDO DO ZERO

Python é uma linguagem indexada em zero — o que significa que começa a contar a partir de 0, não a partir de 1 — e é por isso que seu programa imprime os números de 0 a 9 em vez de 1 a 10. Se desejar, você pode alterar esse comportamento mudando a instrução `range(10)` para `range(1, 11)` — ou qualquer outro número que desejar.

Figura 5-3   Executando um loop

O recuo é uma parte poderosa e integrante do Python e também é um dos motivos mais comuns para um programa não funcionar conforme o esperado. Ao procurar problemas em um programa, um processo conhecido como *depuração*, sempre verifique novamente o recuo, especialmente quando você começa a aninhar loops dentro de loops.

Python também oferece suporte a loops *infinitos*, que são executados sem fim. Para mudar seu programa de um loop definido para um loop infinito, edite a linha 2 para ler:

```python
while True:
```

Se você clicar no ícone **Executar** ⬤ agora, receberá um erro: `name 'i' is not defined`. Isso ocorre porque você excluiu a linha que criou e atribuiu um valor à variável `i`.

Para corrigir isso, basta editar a linha 3 para que ela não use mais a variável:

```python
print("Corrida em loop!")
```

Clique no ícone **Executar** ⬤ e — se você for rápido — você verá a mensagem "`Loop começando!`" seguida por uma sequência interminável de mensagens

"**Corrida em loop**" (Figura 5-4). A mensagem "**Loop concluído**" nunca será impressa, porque o loop não tem fim: toda vez que o Python termina de imprimir a mensagem "**Corrida em loop**", ele volta ao início do loop e o imprime novamente.

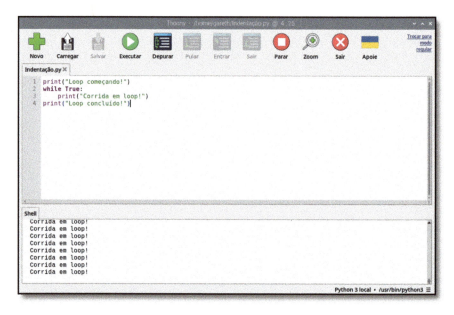

Figura 5-4   Um loop infinito continua até você parar o programa

Clique no ícone **Parar** na barra de ferramentas do Thonny para instruir o programa a parar o que está fazendo — conhecido como *interrupção* do programa. Você verá uma mensagem aparecer na área do shell do Python e o programa será interrompido sem chegar à linha 4.

> **?   DESAFIO: DAR O LAÇO**
>
> Você pode transformar o loop novamente em um loop definido? Você pode adicionar um segundo loop definido ao programa? Como você adicionaria um loop dentro de outro loop e como esperaria que isso funcionasse?

Condicionais e variáveis

Variáveis em Python, como em todas as linguagens de programação, existem para mais do que apenas controlar loops. Inicie um novo programa clicando no ícone **Novo** ➕ no menu Thonny e digite o seguinte na área de script:

```
userName = input("Qual é seu nome? ")
```

Clique no ícone **Salvar**, salve seu programa como **Nome Test.py**, clique em **Executar** e observe o que acontece na área do shell. Você deverá ver um prompt solicitando seu nome. Digite seu nome na área do shell, seguido de **ENTER**. Como essa é a única instrução no seu programa, nada mais acontecerá (**Figura 5-5**). Se quiser fazer alguma coisa com os dados colocados na variável, você precisará de mais linhas em seu programa.

Figura 5-5   A função **input** permite solicitar ao usuário alguma entrada de texto

Para que seu programa faça algo útil com o nome, adicione uma *instrução condicional* digitando o seguinte:

```python
if userName == "Clark Kent":
    print("Você é o Super-Homem")
else:
    print("Você não é o Super-Homem")
```

Lembre-se de que quando o Thonny perceber que seu código precisa ser indentado, ele fará isso automaticamente — mas não sabe quando seu código precisa parar de ser indentado, então você mesmo terá que excluir os espaços antes de digitar **else:**.

Clique em **Executar** e digite seu nome na área do shell. A menos que seu nome seja Clark Kent, você verá a mensagem "Você não é o Superman!". Clique em **Executar** novamente, e desta vez digite o nome "Clark Kent" — certificando-se de escrevê-lo exatamente como no programa, com C e K maiúsculos. Desta vez, o programa reconhece que você é, de fato, o Superman (**Figura 5-6**).

Figura 5-6   Você não deveria estar salvando o mundo?

Os símbolos `==` dizem ao Python para fazer uma comparação direta, procurando ver se a variável `userName` corresponde ao texto — conhecido como *string* — no seu programa. Se você estiver trabalhando com números, existem outras comparações que você pode fazer: `>` para ver se um número é maior que outro número, `<` para ver se é menor que, `=>` para ver se é igual ou maior que e `=<` para ver se é igual ou menor que. Há também `!=`, que significa diferente de; é exatamente o oposto de `==`. Esses símbolos são conhecidos como *operadores de comparação*.

> ### USANDO = E ==
>
> A chave para usar variáveis é aprender a diferença entre `=` e `==`. Lembre-se: `=` significa "tornar esta variável igual a este valor", enquanto `==` significa "verificar se a variável é igual a este valor". Misturá-los é uma maneira segura de acabar com um programa que não funciona!

Você também pode usar operadores de comparação em loops. Exclua as linhas 2 a 5 e digite o seguinte em seu lugar:

```
while userName != "Clark Kent":
    print("Você não é o Super-Homem - tente de novo!")
    userName = input ("Qual é seu nome? ")
print("Você é o Super-Homem")
```

Clique no ícone **Executar** ● novamente. Desta vez, em vez de sair, o programa continuará pedindo seu nome até confirmar que você é o Superman (**Figura 5-7**) — uma espécie de senha muito simples. Para sair do loop, digite "Clark Kent" ou clique no ícone **Parar** ● na barra de ferramentas Thonny. Parabéns: agora você sabe usar condicionais e variáveis!

Figura 5-7 Ele continuará perguntando seu nome até que você diga que é "Clark Kent"

DESAFIO: ADICIONE MAIS PERGUNTAS

Você pode alterar o programa para fazer mais de uma pergunta, armazenando as respostas em múltiplas variáveis? Você pode fazer um programa que use condicionais e operadores de comparação para imprimir se um número digitado pelo usuário é maior ou menor que 5, como o programa que você criou em Capítulo 4, *Programando com Scratch 3*?

Projeto 1: Flocos de neve de tartaruga

Agora que você entende como o Python funciona, é hora de brincar com os gráficos e criar um floco de neve usando uma ferramenta conhecida como *tartaruga*.

As tartarugas são robôs com o formato de seus animais homônimos, projetados para se mover em linha reta, girar e levantar e abaixar uma caneta. Simplificando, uma tartaruga — seja física ou digital — começará ou parará de desenhar uma linha à medida que se move. Ao contrário de algumas outras linguagens, como Logo e suas muitas variantes, o Python não tem uma ferramenta tartaruga integrada, mas vem com uma *biblioteca* de código complementar para dar-lhe o poder da tartaruga. Bibliotecas são pacotes de código que adicionam novas instruções para expandir as capacidades do Python e são trazidas para seus próprios programas usando um comando `import`.

Crie um novo programa clicando no ícone **Novo** icon ✚ e digite o seguinte:

```
import turtle
```

Ao usar instruções incluídas em uma biblioteca, você deve usar o nome da biblioteca seguido de um ponto final e, em seguida, o nome da instrução. Isso pode ser chato de digitar todas as vezes, então você pode atribuir uma instrução a uma variável com um nome abreviado. Poderia ser tão curto quanto apenas uma letra, mas pensamos que seria bom que funcionasse como um nome de animal de estimação para a tartaruga. Digite o seguinte:

```
pat = turtle.Turtle()
```

Para testar seu programa, você precisará dar algo para sua tartaruga fazer. Tipo:

```
pat.forward(100)
```

Clique no ícone **Salvar** 💾, salve seu programa como **Turtle Snowflakes.py**, depois clique no ícone **Executar** ▶ e uma nova janela chamada "Turtle Graphics" aparecerá mostrando o resultado do seu programa: sua tartaruga, Pat, avançará 100 unidades, traçando uma linha reta (**Figura 5-8**).

Volte para a janela principal do Thonny — se estiver escondido atrás da janela Turtle Graphics, clique no botão minimizar na janela Turtle Graphics ou clique na entrada Thonny na barra de tarefas na parte superior da tela. Depois de trazer a janela Thonny para a frente, clique em **Parar** ⬤ para fechar a janela Turtle Graphics.

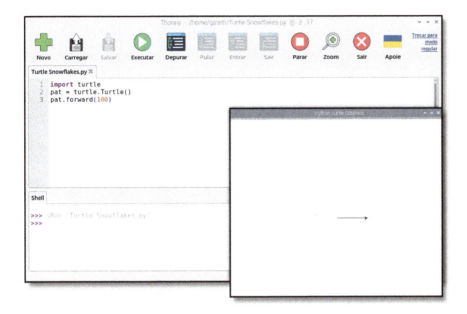

Figura 5-8   A tartaruga avança para traçar uma linha reta

Digitar cada instrução de movimento para desenhar algo mais complexo à mão seria entediante, então exclua a linha 3 e crie um loop para fazer o trabalho árduo de criar formas:

```python
for i in range(2):
    pat.forward(100)
    pat.right(60)
    pat.forward(100)
    pat.right(120)
```

Execute seu programa e Pat desenhará um único paralelogramo (**Figura 5-9**).

Para transformá-lo em uma forma semelhante a um floco de neve, clique em **Parar** ⬤ na janela principal do Thonny e crie um loop ao redor do seu loop adicionando o seguinte como linha 3:

```python
for i in range(10):
```

...e o seguinte na parte inferior do seu programa:

```python
    pat.right(36)
```

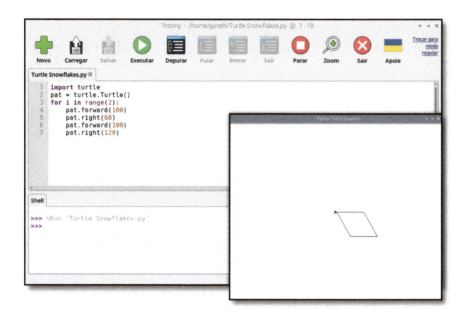

Figura 5-9 Ao combinar curvas e movimentos, você pode desenhar formas

Seu programa não será executado como está porque o loop existente não está recuado corretamente. Para corrigir isso, clique no início de cada linha do loop existente — linhas 4 a 8 — e pressione a tecla **SPACE** quatro vezes para corrigir o recuo. Seu programa agora deve ficar assim:

```python
import turtle
pat = turtle.Turtle()
for i in range(10):
    for i in range(2):
        pat.forward(100)
        pat.right(60)
        pat.forward(100)
        pat.right(120)
    pat.right(36)
```

Clique no ícone **Executar** 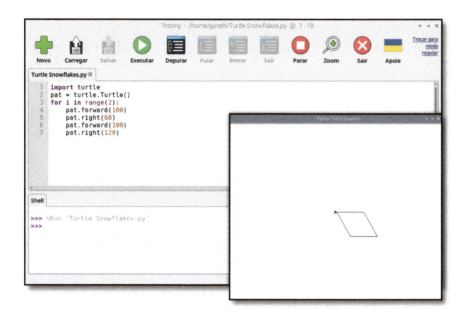, e observe a tartaruga: ela desenhará um paralelogramo, como antes, mas quando terminar ele girará 36 graus e desenhará outro, depois outro, e assim por diante, até que haja dez paralelogramos sobrepostos na tela — parecendo um floco de neve (**Figura 5-10**).

Enquanto uma tartaruga robótica desenha uma única cor em um grande pedaço de papel, a tartaruga simulada do Python pode usar uma variedade de

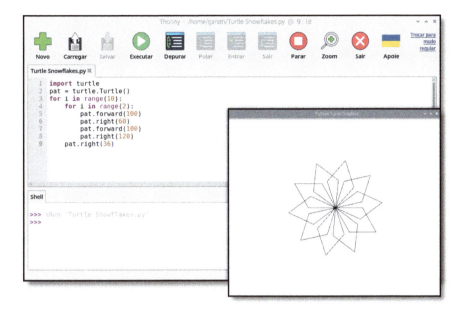

Figura 5-10   Repetir a forma para fazer uma forma mais complexa

cores. Adicione o seguinte como uma nova linha 3 e 4, empurrando as linhas existentes para baixo:

```
turtle.Screen().bgcolor("blue")
pat.color("cyan")
```

Execute seu programa novamente e você verá o efeito do seu novo código: a cor de fundo da janela Turtle Graphics mudou para azul e o floco de neve agora é ciano (**Figura 5-11**).

Você também pode escolher as cores aleatoriamente em uma seleção, usando a biblioteca **random**. Volte ao início do seu programa e insira o seguinte como linha 2:

```
import random
```

Mude a cor de fundo no que agora é a linha 4 de "azul" para "cinza" e, em seguida, crie uma nova variável chamada **colours** como uma nova linha 5:

```
colours = ["cyan", "purple", "white", "blue"]
```

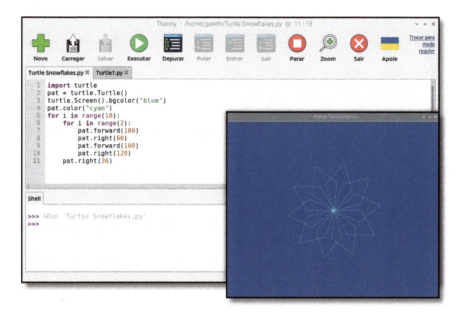

Figura 5-11   Alterando as cores do fundo e do floco de neve

Esse tipo de variável é chamado de *lista* e é marcado por colchetes. Nesse caso, a lista é preenchida com cores possíveis para os segmentos do floco de neve, mas você ainda precisa dizer ao Python para escolher uma cada vez que o loop se repetir. No final do programa, digite o seguinte — certificando-se de que esteja recuado com quatro espaços para que faça parte do loop externo, assim como a linha acima dele:

```
pat.color(random.choice(colours))
```

SOLETRAR NOS EUA

Muitas linguagens de programação usam a grafia do inglês americano, e Python não é exceção: o comando para alterar a cor da caneta da tartaruga está escrito `color`, e se você soletrar no inglês britânico como `colour`, simplesmente não funcionará. As variáveis, porém, podem ter a grafia que você quiser — e é por isso que você pode chamar sua nova variável `colours` e fazer com que o Python entenda.

Clique no ícone **Executar** ▶ e a estrela ninja com traço de floco de neve será desenhada novamente. Desta vez, porém, o Python escolherá uma cor aleatória da sua lista à medida que desenha cada pétala — dando ao floco de neve um acabamento multicolorido, como mostrado em **Figura 5-12**.

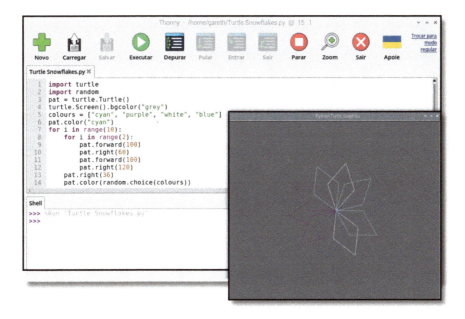

Figura 5-12 Usando cores aleatórias para as "pétalas"

Para fazer o floco de neve parecer menos com uma estrela ninja e mais com um floco de neve real, adicione uma nova linha 6, diretamente abaixo de sua lista **colours**, e digite o seguinte:

```
pat.penup()
pat.forward(90)
pat.left(45)
pat.pendown()
```

As instruções **penup** e **pendown** moveriam uma caneta física para dentro e para fora do papel se usada com um robô tartaruga, mas no mundo virtual apenas informa à sua tartaruga quando parar e começar a desenhar linhas. Desta vez, em vez de usar um loop, você criará uma *função* — um segmento de código que você pode chamar a qualquer momento, criando essencialmente sua própria instrução Python.

Comece excluindo o código para desenhar seus flocos de neve baseados em paralelograma: isso é tudo entre e incluindo a instrução **pat.color("cyan")** na linha 10 até **pat.right(36)** na linha 17. Deixe a instrução **pat.color(random.choice(colours))**, mas adicione um símbolo de hash (**#**) no início da linha. Isso é conhecido como *comentar uma* instrução, o que significa que o Python irá ignorá-lo quando o programa for executado. Você pode usar comentários para adicionar explicações ao seu código, o que tornará muito mais fácil de entender quando você voltar a ele alguns meses depois ou se enviá-lo para outra pessoa.

Crie sua função, que chamaremos de **branch**, digitando a seguinte instrução na linha 10, abaixo de **pat.pendown()**:

```
def branch():
```

Isso *define* sua função dando um nome a ela, **branch**. Ao pressionar a tecla **ENTER**, Thonny adicionará automaticamente um recuo para as instruções da função. Digite o seguinte, prestando muita atenção ao recuo — porque em um ponto você estará aninhando o código com três níveis de recuo de profundidade!

```
    for i in range(3):
        for i in range(3):
            pat.forward(30)
            pat.backward(30)
            pat.right(45)
        pat.left(90)
        pat.backward(30)
        pat.left(45)
    pat.right(90)
    pat.forward(90)
```

Por fim, crie um novo loop na parte inferior do seu programa — mas acima da linha comentada **color** — para executar, ou *chamar*, sua nova função:

```
for i in range(8):
    branch()
    pat.left(45)
```

Seu programa finalizado deverá ficar assim:

```
import turtle
import random

pat = turtle.Turtle()
turtle.Screen().bgcolor("grey")
colours = ["cyan", "purple", "white", "blue"]

pat.penup()
pat.forward(90)
pat.left(45)
pat.pendown()
```

```
def branch():
    for i in range(3):
        for i in range(3):
            pat.forward(30)
            pat.backward(30)
            pat.right(45)
        pat.left(90)
        pat.backward(30)
        pat.left(45)
    pat.right(90)
    pat.forward(90)

for i in range(8):
    branch()
    pat.left(45)
#    pat.color(random.choice(colours))
```

Clique em **Executar** e observe a janela gráfica enquanto Pat desenha com base em suas instruções. Parabéns: seu floco de neve agora se parece muito mais com um floco de neve (**Figura 5-13**)!

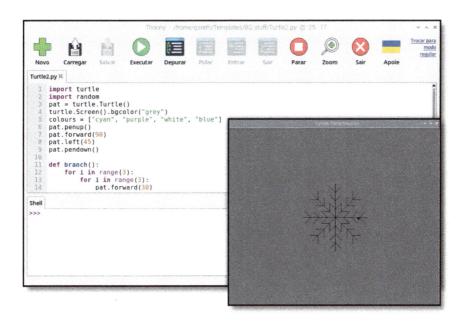

Figura 5-13 Galhos extras fazem com que pareça um floco de neve

Projeto 2: Assustador Descubra a Diferença

Python pode lidar com imagens e sons, bem como gráficos baseados em tartarugas, e eles podem ser usados com grande efeito como uma pegadinha para seus amigos — um jogo de descobrir as diferenças com um segredo assustador em seu coração, perfeito para o Halloween!

Este projeto precisa de duas imagens — sua imagem de encontrar a diferença mais uma imagem surpresa "assustadora" — e um arquivo de som. Clique no ícone Raspberry Pi para carregar o menu Raspberry Pi, escolha a categoria **Internet** e clique em **Navegador de Internet Chromium**. Depois de aberto, digite **rptl.io/spot-pic** na barra de endereço seguido da tecla **ENTER**. Clique com o botão direito na imagem e clique em **Salvar imagem como**, escolha a **Pasta pessoal** na lista do lado esquerdo e clique em **Salvar**. Clique novamente na barra de endereço do Chromium e digite **rptl.io/scary-pic** seguido da tecla **ENTER**. Como antes, clique com o botão direito na imagem, clique em **Salvar imagem como**, escolha a **Pasta pessoal** e clique em **Salvar**.

Para obter o arquivo de som, clique novamente na barra de endereço e digite **rptl.io/scream** seguido da tecla **ENTER**. Este arquivo — o som de um grito para dar uma verdadeira surpresa ao seu jogador — será baixado automaticamente. Ele precisa ser movido para a **Pasta pessoal** antes de poder usá-lo. Abra uma nova janela do Gerenciador de arquivos, navegue até a pasta **Downloads** e encontre o arquivo que você acabou de baixar. Renomeie o arquivo para **scream.wav**. Clique com o botão direito no arquivo **scream.wav** na janela do gerenciador de arquivos e clique em **Cortar**. Por fim, clique em **Pasta pessoal** no canto superior esquerdo do gerenciador de arquivos, clique com o botão direito em qualquer espaço vazio na grande janela de visualização de arquivos à direita e clique em **Colar**. Agora você pode fechar as janelas do Chromium e do gerenciador de arquivos.

Clique no ícone **Novo** na barra de ferramentas do Thonny para iniciar um novo projeto. Como antes, você usará uma biblioteca para estender os recursos do Python. Desta vez é a biblioteca **pygame**, que, como o nome sugere, foi criada pensando nos jogos. Digite o seguinte:

```
import pygame
```

Você precisará de algumas partes de outras bibliotecas e também de uma sub-seção da biblioteca Pygame. Importe-os digitando o seguinte:

```python
from pygame.locals import *
from time import sleep
from random import randrange
```

A instrução **from** funciona de maneira diferente da instrução **import**, permi-tindo importar apenas as partes de uma biblioteca necessárias, em vez de toda a biblioteca. Em seguida, você precisa configurar o Pygame; isso é cha-mado de *inicialização*. O Pygame precisa saber a largura e a altura do monitor ou TV do jogador, conhecida como sua *resolução*. Digite o seguinte:

```python
pygame.init()
width = pygame.display.Info().current_w
height = pygame.display.Info().current_h
```

A etapa final na configuração do Pygame é criar sua janela principal, que o Pygame chama de tela. Digite o seguinte:

```python
screen = pygame.display.set_mode((width, height))
pygame.display.update()
# Seu código fica aqui
pygame.quit()
```

Observe a linha comentada no meio: é para lá que seu programa irá. Por en-quanto, porém, clique no ícone **Salvar** 💾, salve seu programa como **Descubra a diferença.py**, depois clique no ícone **Executar** ▶ e observe. O Pygame cri-ará uma janela, preencherá-a com um fundo preto e, em seguida, fechará a janela quase imediatamente ao receber a instrução para sair. Além de uma mensagem curta no shell (**Figura 5-14**), o programa não conseguiu muito até agora.

Para exibir sua imagem de identificação da diferença, exclua o comentário acima **pygame.quit()** e digite o seguinte no espaço:

```python
difference = pygame.image.load('spot_the_diff.png')
```

Para garantir que a imagem preencha a tela, você precisa dimensioná-la para corresponder ao monitor do seu jogador ou à resolução da TV. Digite o seguinte:

```python
difference = pygame.transform.scale(difference, (width, height))
```

Figura 5-14   Seu programa é funcional, mas ainda não faz muito

Agora que a imagem está na memória, você precisa dizer ao Pygame para realmente exibi-la na tela — um processo conhecido como *blitting* ou *transferência de bloco de bits*. Digite o seguinte:

```
screen.blit(difference, (0, 0))
pygame.display.update()
```

A primeira dessas linhas copia a imagem na tela, começando no canto superior esquerdo; a segunda diz ao Pygame para redesenhar a tela. Sem esta segunda linha, a imagem estará no lugar correto da memória, mas você nunca a verá!

Clique no ícone **Executar** ⏵ e a imagem mostrada na **Figura 5-15** aparecerá brevemente na tela.

Para manter a imagem na tela por um longo período de tempo, adicione a seguinte linha logo acima de **pygame.quit()**:

```
sleep(3)
```

Figura 5-15   Sua imagem de descobrir a diferença

Clique no ícone **Executar** ▶ novamente e a imagem permanecerá na tela por mais tempo. Adicione sua imagem surpresa digitando o seguinte logo abaixo da linha **pygame.display.update()**:

```
zombie = pygame.image.load('scary_face.png')
zombie = pygame.transform.scale(zombie, (width, height))
```

Adicione um atraso para que a imagem do zumbi não apareça imediatamente:

```
sleep(3)
```

Em seguida, coloque a imagem na tela e atualize para mostrá-la ao jogador:

```
screen.blit(zombie, (0,0))
pygame.display.update()
```

Clique no ícone **Executar** ▶ e veja o que acontece: O Pygame carregará sua imagem de descobrir as diferenças, mas após três segundos ela será substituída pelo zumbi assustador (**Figura 5-16**)!

Ter o atraso definido em três segundos torna as coisas um pouco previsíveis. Altere a linha **sleep(3)** acima de **screen.blit(zombie, (0,0))** para:

```
sleep(randrange(5, 15))
```

Figura 5-16 Isso dará a alguém uma surpresa assustadora

Isso escolhe um número aleatório entre 5 e 15 e atrasa o programa por esse tempo. Em seguida, adicione a seguinte linha logo acima da instrução `sleep` para carregar o arquivo de som do grito:

```
scream = pygame.mixer.Sound('scream.wav')
```

Digite o seguinte em uma nova linha após as instruções de sono para começar a reproduzir o som. Deve aparecer logo antes da imagem assustadora ser mostrada ao jogador:

```
scream.play()
```

Finalmente, diga ao Pygame para parar de reproduzir o som digitando a seguinte linha logo acima de `pygame.quit()`:

```
scream.stop()
```

Clique no ícone **Executar** e admire seu trabalho: depois de alguns segundos de diversão inocente de descobrir as diferenças, seu zumbi assustador aparecerá junto com um grito de gelar o sangue — com certeza assustará seus amigos! Se você achar que a imagem do zumbi aparece antes do som começar a tocar, você pode compensar adicionando um pequeno atraso logo após a instrução `scream.play()` e antes da instrução `screen.blit`:

```
sleep(0.4)
```

Seu programa finalizado deverá ficar assim:

```python
import pygame
from pygame.locals import *
from time import sleep
from random import randrange

pygame.init()
width = pygame.display.Info().current_w
height = pygame.display.Info().current_h
screen = pygame.display.set_mode((width, height))
pygame.display.update()

difference = pygame.image.load('spot_the_diff.png')
difference = pygame.transform.scale(difference, (width, height))
screen.blit(difference, (0, 0))
pygame.display.update()

zombie = pygame.image.load('scary_face.png')
zombie = pygame.transform.scale (zombie, (width, height))
scream = pygame.mixer.Sound('scream.wav')
sleep(randrange(5, 15))
scream.play()
screen.blit(zombie, (0,0))
pygame.display.update()

sleep(3)
scream.stop()
pygame.quit()
```

Agora tudo o que resta a fazer é convidar seus amigos para brincar de descobrir as diferenças — e garantir que os alto-falantes estejam ligados, é claro!

DESAFIO: ALTERE O VISUAL

Você pode alterar as imagens para tornar a pegadinha mais apropriada para outros eventos, como o Natal? Você consegue desenhar suas próprias imagens assustadoras e pontuais (usando um editor gráfico como o GIMP)? Você poderia rastrear o usuário clicando em uma diferença para torná-la mais convincente?

Projeto 3: Aventura de texto

Agora que você está pegando o jeito do Python, é hora de usar o Pygame para tornar algo um pouco mais complicado: um jogo de labirinto totalmente funcional baseado em texto, baseado em aventuras clássicas de texto. Também conhecidos como ficção interativa, esses jogos remontam a uma época em que os computadores não conseguiam lidar com gráficos complexos, mas ainda têm fãs que argumentam que nenhum gráfico será tão vívido quanto aqueles que você tem em sua imaginação.

Este programa é um pouco mais complexo que os outros neste capítulo. Para facilitar as coisas, você começará com uma versão parcialmente escrita. Abra o navegador Chromium e vá para **http://rptl.io/text-adventure-pt**.

O Chromium carregará o código do programa no navegador. Clique com o botão direito na página do navegador, escolha **Salvar como** e salve o arquivo como **text-adventure.py** na pasta Downloads, mas isso pode avisar que esse tipo de arquivo (um programa Python) pode danificar seu computador. Você baixou o arquivo de uma fonte confiável, então clique no botão **Manter** se a mensagem de aviso aparecer na parte inferior da tela. Volte para Thonny e clique no ícone **Carregar**. Encontre o arquivo **text-adventure.py** em sua pasta **Downloads** e clique no botão **Carregar**.

Comece clicando no ícone **Executar** ▶ para se familiarizar com o funcionamento de uma aventura de texto. A saída do jogo aparece na área do shell na parte inferior da janela do Thonny. Se necessário, você pode aumentar a janela do Thonny clicando no botão maximizar para facilitar a leitura.

Da forma como está agora, o jogo é muito simples: há duas salas e nenhum objeto. O jogador começa em **Salão**, a primeira das duas salas. Para ir para **Cozinha**, basta digitar "**vai sul**" seguido da tecla **ENTER** (**Figura 5-17**). Quando estiver em **Cozinha**, você pode digitar "**vai norte**" para retornar a **Salão**. Você também pode tentar digitar "**vai oeste**" e "**vai leste**", mas como não há salas nessas direções, o jogo mostrará uma mensagem de erro.

Pressione o ícone **Parar** ⏹ para parar o programa e, em seguida, role para baixo até a linha 30 do programa na área de script para encontrar uma variável chamada **rooms**. Esse tipo de variável é conhecido como *dicionário* e define as salas, suas saídas e a qual sala leva uma determinada saída.

Para tornar o jogo mais interessante, vamos adicionar outra sala: uma **Sala de jantar** a leste da **Salão**.

Figura 5-17 Existem apenas duas salas até agora

Encontre a variável **rooms** na área de scripts e estenda-a adicionando um símbolo de vírgula (**,**) após **}** na linha 38 e digitando o seguinte:

```
'Sala de jantar' : {
    'oeste' : 'Salão'
}
```

Você também precisará de uma nova saída em **Salão**, pois nenhuma é criada automaticamente para você. Vá até o final da linha 33, adicione uma vírgula e adicione a seguinte linha:

```
'leste' : 'Sala de jantar'
```

Clique no ícone **Executar** e visite sua nova sala: digite "**vai leste**" enquanto estiver em **Salão** para entrar no **Sala de jantar** (**Figura 5-18**), e digite "**vai oeste**" enquanto em **Sala de jantar** para inserir novamente em **Salão**.

Parabéns: você criou sua própria sala!

No entanto, salas vazias não são muito divertidas. Para adicionar um item a uma sala, você precisa modificar o dicionário dessa sala. Clique no ícone **Parar** para interromper o programa. Encontre o dicionário **Salão** na área de

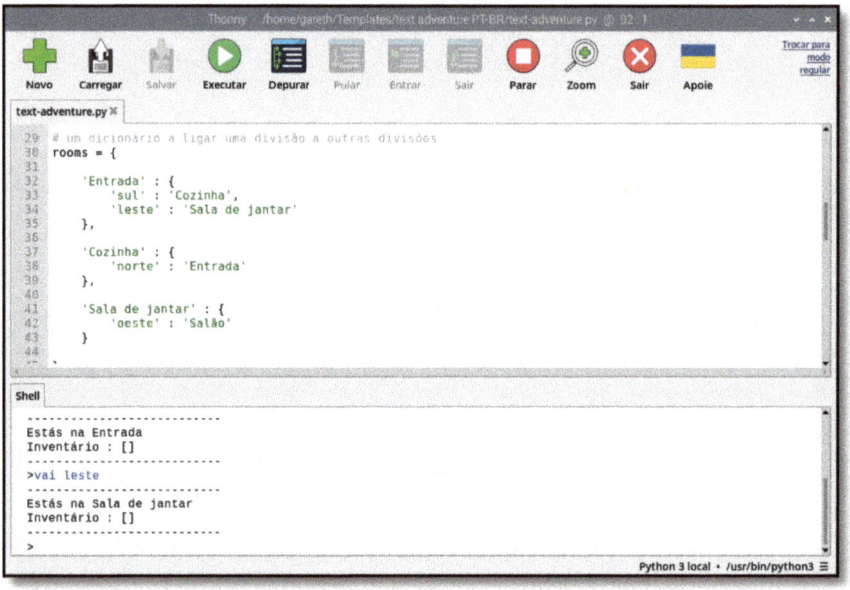

Figura 5-18 Você adicionou outra sala

scripts, adicione uma vírgula ao final da linha `'leste' : 'Sala de jantar'`, pressione **ENTER** e digite esta linha:

```
'item' : 'chave'
```

Clique no ícone **Executar** ⓞ novamente. Desta vez, o jogo lhe dirá que você poderá ver seu novo item: uma chave. Digite "`apanha chave`" (**Figura 5-19**) para pegá-lo e adicioná-lo à lista de itens que você está carregando, conhecida como seu *estoque*. Seu estoque permanece com você enquanto você viaja de sala em sala.

Clique no ícone **Parar** ⓞ e torne o jogo ainda mais interessante adicionando um monstro para evitar. Encontre a entrada do dicionário `Cozinha` e adicione um item "`monstro`" da mesma forma que adicionou o item "`chave`" — lembrando de adicionar uma vírgula no final da linha acima:

```
'item' : 'monstro'
```

Você precisa adicionar alguma lógica para permitir que o monstro ataque o jogador. Role até a parte inferior do programa na área de script e adicione as seguintes linhas — incluindo o comentário, marcado com um símbolo de hash, que o ajudará a entender o programa se você voltar a ele outro dia.

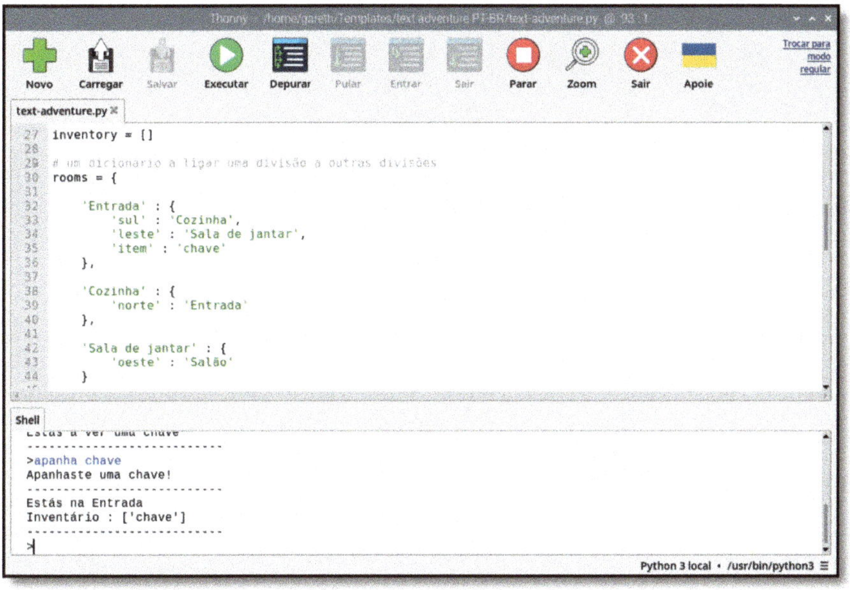

Figura 5-19 A chave coletada é adicionada ao seu inventário

Certifique-se de recuar as linhas e digitar tudo entre **if** e dois pontos (**:**) em uma linha:

```python
# o jogador perde se entrar em uma sala com um monstro
if 'item' in rooms[currentRoom]
        and 'monstro' in rooms[currentRoom]['item']:
    print('Um monstro pegou você... FIM DA LINHA!')
    break
```

Clique no ícone **Executar** ▶ e tente entrar na Cozinha (**Figura** 5-20) — o monstro não ficará muito impressionado quando você fizer isso!

Para transformar esta aventura em um jogo de verdade, você deve adicionar mais itens, outro cômodo e a capacidade de "ganhar" saindo de casa com todos os itens guardados com segurança em seu estoque. Comece adicionando outra sala como antes com **Sala de jantar** — só que desta vez é um **Jardim**. Adicione uma saída do dicionário **Sala de jantar**, lembrando de adicionar uma vírgula no final da linha acima:

```python
'sul' : 'Jardim'
```

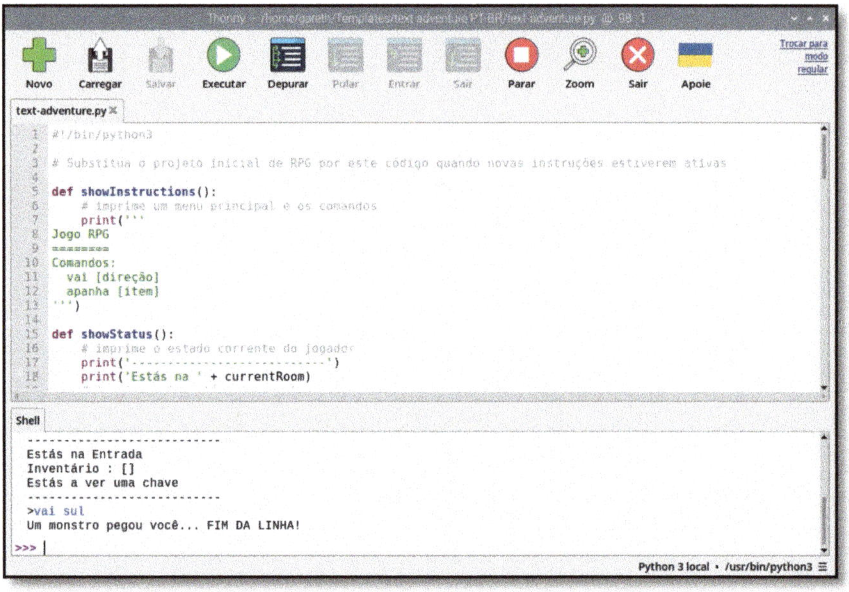

Figura 5-20 Esqueça os ratos, há um monstro na cozinha

Em seguida, adicione sua nova sala ao dicionário principal **rooms**, lembrando novamente de adicionar uma vírgula após **}** na linha acima:

```python
'Jardim' : {
    'norte' : 'Sala de jantar'
}
```

Adicione um objeto "poção' ao dicionário **Sala de jantar**, lembrando novamente de adicionar a vírgula necessária à linha acima:

```python
'item' : 'poção'
```

Por fim, vá até o final do programa e adicione a lógica necessária para verificar se o jogador possui todos os itens e, em caso afirmativo, diga que ganhou o jogo (certifique-se de recuar as linhas e digitar tudo entre **if** e os dois pontos (**:**) em uma linha):

```python
# o jogador ganha se chegar ao jardim com uma chave e uma poção
if currentRoom == 'Jardim' and 'chave' in inventory
        and 'poção' in inventory:
    print('Você fugiu da casa... VENCEU!')
    break
```

Clique no ícone **Executar** e tente terminar o jogo pegando a chave e a poção antes de ir para o jardim. Lembre-se de não inserir `Cozinha`, porque é onde está o monstro!

Como último ajuste no jogo, adicione algumas instruções informando ao jogador como completá-lo. Role até o topo do programa, onde a função `showInstructions()` está definida, e adicione o seguinte:

```
Chegue ao jardim com uma chave e uma poção
Fuja dos monstros!
```

Execute o jogo uma última vez e você verá as novas instruções aparecerem logo no início. Parabéns, você criou um jogo de labirinto interativo baseado em texto!

DESAFIO: EXPANDIR O JOGO

Você pode adicionar mais salas para fazer o jogo durar mais? Você pode adicionar um item para protegê-lo do monstro? Como você adicionaria uma arma para matar o monstro? Você pode adicionar salas acima e abaixo das salas existentes, acessadas por escadas?

Capítulo 6

Computação física com Scratch e Python

A codificação envolve mais do que fazer coisas na tela — você também pode controlar componentes eletrônicos conectados aos pinos GPIO do Raspberry Pi.

Quando as pessoas pensam em "programação" ou "codificação", geralmente — e naturalmente — pensam em software. A codificação pode envolver mais do que apenas software: ela também pode afetar o mundo real por meio do hardware. Isso é conhecido como *computação física*.

Como o nome sugere, a computação física trata de controlar coisas no mundo real com seus programas: usando hardware junto com software. Quando você define o programa em sua máquina de lavar, altera a temperatura em seu termostato programável ou pressiona um botão nos semáforos para atravessar a rua com segurança, você está usando computação física.

Raspberry Pi é um ótimo dispositivo para aprender sobre computação física graças a um recurso importante: o cabeçalho *entrada/saída de uso geral* (*GPIO*).

Apresentando o cabeçalho GPIO

Na borda superior da placa de circuito do Raspberry Pi ou na parte traseira do Raspberry Pi 400, você encontrará duas fileiras de pinos de metal. Este é o cabeçalho GPIO (entrada/saída de uso geral) e está lá para que você possa conectar hardware como LEDs e interruptores ao Raspberry Pi e controlá-los usando programas que você cria. Esses pinos podem ser usados tanto para entrada quanto para saída.

O cabeçalho GPIO do Raspberry Pi é composto de 40 pinos macho, conforme mostrado em **Figura 6-1**. Alguns pinos estão disponíveis para você usar em seus projetos de computação física, alguns pinos fornecem energia e outros pinos são usados para comunicação com hardware adicional como o Sense HAT (consulte Capítulo 7, *Computação física com Sense HAT*).

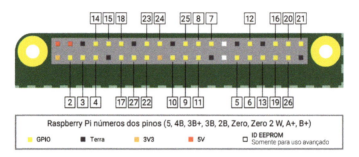

Figura 6-1   Pinagem Raspberry Pi GPIO

Raspberry Pi 400 tem o mesmo cabeçalho GPIO com todos os mesmos pinos, mas está virado de cabeça para baixo em comparação com outros modelos Raspberry Pi. **Figura 6-2** presume que você está olhando o cabeçalho GPIO na parte traseira do Raspberry Pi 400. Sempre verifique sua fiação ao conectar qualquer coisa ao conector GPIO do Raspberry Pi 400 — é fácil esquecer, apesar das etiquetas "Pino 40" e "Pino 1" no gabinete!

Raspberry Pi Zero 2 W também possui um cabeçalho GPIO, mas não possui pinos de cabeçalho conectados. Se quiser fazer computação física com o Raspberry Pi Zero 2 W ou outro modelo da família Raspberry Pi Zero, você precisará *soldar* os pinos no lugar usando um ferro de solda. Se isso parece um pouco aventureiro por enquanto, verifique com um revendedor Raspberry Pi aprovado um Raspberry Pi Zero 2 WH com os pinos do cabeçalho já soldados no lugar para você.

EXTENSÕES GPIO

É perfeitamente possível usar o cabeçalho GPIO do Raspberry Pi 400 como está, mas pode ser mais fácil usar uma extensão. Com uma extensão, os pinos são colocados na lateral do Raspberry Pi 400, o que significa que você pode verificar e ajustar a fiação sem ter que ficar girando pela parte traseira.

As extensões compatíveis incluem a linha Black HAT Hack3r de **pimoroni.com** e o Pi T-Cobbler Plus de **adafruit.com**.

Se você comprar uma extensão, verifique sempre como ela está conectada. Alguns, como o Pi T-Cobbler Plus, alteram o layout dos pinos GPIO. Em caso de dúvida, sempre use as instruções do fabricante em vez dos diagramas de pinos mostrados neste livro.

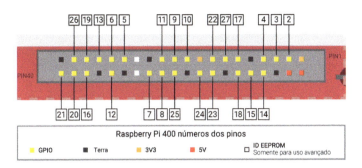

Figura 6-2   Pinagem Raspberry Pi 400 GPIO pinout

Existem várias categorias de tipos de pinos, cada um com uma função específica:

3V3	Potência de 3,3 volts	Uma fonte permanentemente ligada de energia de 3,3 V, a mesma voltagem que o Raspberry Pi funciona
5 V5	Potência em 5 volts	Uma fonte de alimentação de 5 V, a mesma voltagem que o Raspberry Pi recebe no USB C
Terra (GND)	0 volts terra	Uma conexão de aterramento, usada para completar um circuito conectado à fonte de energia
GPIO XX	Número do pino de entrada/saída de uso geral "XX"	Os pinos GPIO disponíveis para seus programas, identificados por um número de 2 a 27
ID EEPROM	Pinos reservados para fins especiais	Pinos reservados para uso com Hardware Attached on Top (HAT) e outros acessórios

> **ATENÇÃO!**
>
> O cabeçalho GPIO é uma maneira divertida e segura de experimentar a computação física, mas deve ser tratado com cuidado. Não dobre os pinos ao conectar e desconectar o hardware. Nunca conecte dois pinos diretamente entre si, mesmo que acidentalmente, a menos que seja expressamente instruído a fazê-lo nas instruções do projeto. Se você fizer isso, criará um *curto-circuito* e poderá danificar permanentemente o Raspberry Pi.

Componentes eletrônicos

O cabeçalho GPIO é apenas parte do que você precisa para começar a traba-lhar com computação física. Você também precisará de alguns componentes elétricos, os dispositivos que você controlará a partir do conector GPIO. Exis-tem milhares de componentes diferentes disponíveis, mas a maioria dos projetos GPIO são feitos usando as seguintes partes comuns.

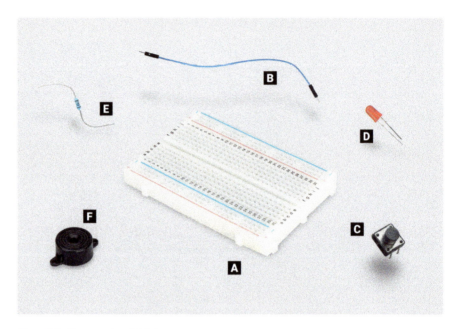

Figura 6-3 Componentes eletrônicos comuns

A Tábua de ensaio

B Fio de ligação em ponte

C Interruptor momentâneo

D Diodo emissor de luz (LED)

E Resistor

F Campainha piezoelétrica

Uma *placa de ensaio* (**A**), também conhecida como *placa de ensaio sem solda*, pode tornar os projetos de computação física consideravelmente mais fáceis. Em vez de ter um monte de componentes separados que precisam ser conecta-dos com fios, uma placa de ensaio permite inserir componentes e conectá-los através de trilhos de metal escondidos sob sua superfície. Muitas placas de ensaio também incluem seções para distribuição de energia, tornando ainda mais fácil a construção de seus circuitos. Você não precisa de uma placa de ensaio para começar a usar a computação física, mas certamente ajuda.

Fios de jumper (**B**), também conhecidos como *fios de jumper*, conectam componentes ao Raspberry Pi e, se você não estiver usando uma placa de ensaio, entre si. Eles estão disponíveis em três versões: macho para fêmea (M2F), que você precisará para conectar sua placa de ensaio aos pinos GPIO; fêmea para fêmea (F2F), que pode ser usada para conectar componentes individuais se você não estiver usando uma placa de ensaio; e macho para macho (M2M), que é usado para fazer conexões de uma parte de uma placa de ensaio a outra. Dependendo do seu projeto, você pode precisar de todos os três tipos de fio jumper. Se você estiver usando uma placa de ensaio, geralmente poderá usar apenas fios jumper M2F e M2M.

Um *interruptor momentâneo* (**C**) é o tipo de interruptor que você pode encontrar em controladores de console de jogos. Normalmente disponível com duas ou quatro pernas — qualquer tipo funcionará com um Raspberry Pi — o botão é um dispositivo de entrada: você pode dizer ao seu programa para tomar cuidado se ele for pressionado e então executar uma tarefa. Outro tipo comum de interruptor é um *interruptor de travamento*: enquanto um botão só fica ativo quando você o mantém pressionado, um interruptor de travamento — como um interruptor de luz — é ativado quando você o alterna uma vez e permanece ativo até você alterná-lo novamente.

Um *diodo emissor de luz* (*LED*, **D**) é um *dispositivo de saída* que você pode controlar diretamente do seu programa. Um LED acende quando está ligado e você os encontrará em toda a sua casa: desde os pequenos que avisam quando você deixou a máquina de lavar ligada, até os grandes que você pode ter iluminando seus cômodos. Os LEDs estão disponíveis em uma ampla variedade de formatos, cores e tamanhos, mas nem todos são adequados para uso com Raspberry Pi: evite aqueles que dizem que foram projetados para fontes de alimentação de 5V ou 12V.

Resistores (**E**) são componentes que controlam o fluxo de *corrente elétrica* e estão disponíveis em diferentes valores, medidos usando uma unidade chamada *ohms* (Ω). Quanto maior o número de ohms, maior a resistência fornecida. Para projetos de computação física Raspberry Pi, seu uso mais comum é proteger os LEDs de consumir muita corrente e danificar a si mesmos ou ao Raspberry Pi; para isso, você vai querer resistores avaliados em cerca de 330Ω, embora muitos fornecedores de eletricidade vendam pacotes úteis contendo vários valores diferentes comumente usados para lhe dar mais flexibilidade.

Uma *campainha piezoelétrica* (**F**), geralmente chamada apenas de campainha ou sirene, é outro dispositivo de saída. Enquanto um LED produz luz, uma campainha produz um zumbido. Dentro da caixa de plástico da campainha há um par de placas de metal. Quando ativas, essas placas vibram umas contra as outras para produzir um zumbido. Existem dois tipos de campainhas: *campainhas ativas* e *campainhas passivas*. Certifique-se de ter uma campainha ativa, pois são as mais simples de usar.

Outros componentes elétricos comuns incluem motores, que precisam de uma placa de controle especial antes de serem conectados ao Raspberry Pi, sensores infravermelhos que detectam sensores de movimento, temperatura e umidade que podem ser usados para prever o tempo; e resistores dependentes de luz (LDRs) — dispositivos de entrada que operam como um LED reverso detectando luz.

Vendedores em todo o mundo fornecem componentes para computação física com Raspberry Pi, seja como peças individuais ou em kits que fornecem tudo que você precisa para começar. Para encontrar vendedores, visite **rptl.io/products**, clique em **Raspberry Pi 5** e clique no botão **Buy now** para ver uma lista de lojas online parceiras da Raspberry Pi e revendedores aprovados para seu país ou região.

Para concluir os projetos deste capítulo, você deve ter pelo menos:

- ▸ 3 × LEDs: vermelho, verde e amarelo ou âmbar

- ▸ 2 × interruptores de botão

- ▸ 1 × campainha ativa

- ▸ Fios jumper macho-fêmea (M2F) e fêmea-fêmea (F2F)

- ▸ Opcionalmente, uma placa de ensaio e jumpers macho-macho (M2M)

Lendo códigos de cores do resistor

Os resistores vêm em uma ampla gama de valores, desde versões de resistência zero, que na verdade são apenas pedaços de fio, até versões de alta resistência do tamanho da sua perna. Muito poucos desses resistores têm seus valores impressos em números. Em vez disso, eles usam um código especial (**Figura 6-4**) impresso como listras ou faixas coloridas ao redor do corpo do resistor.

Para ler o valor de um resistor, posicione-o de forma que o grupo de bandas fique à esquerda e a banda isolada fique à direita. Começando pela primeira banda, procure sua cor na coluna "1ª/2ª banda" da tabela para obter o primeiro e o segundo dígitos. Este exemplo tem duas faixas laranja, que significam um valor de "3" para um total de "33". Se o seu resistor tiver quatro bandas agrupadas em vez de três, anote também o valor da terceira banda (para resistores de cinco/seis bandas, consulte **rptl.io/5-6-band**).

Passando para a última banda agrupada — a terceira ou quarta — procure sua cor na coluna "Multiplicador". Isso informa por quanto você precisa multiplicar seu número atual para obter o valor real do resistor. Este exemplo tem uma faixa marrom, que significa "×10^1". Isso pode parecer confuso, mas é simplesmente

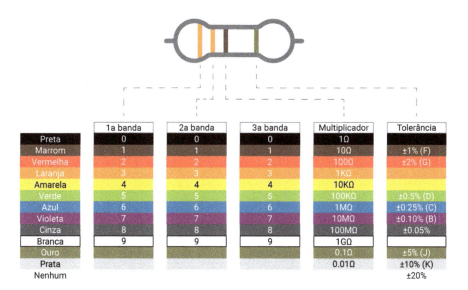

	1a banda	2a banda	3a banda	Multiplicador	Tolerância
Preta	0	0	0	1Ω	
Marrom	1	1	1	10Ω	±1% (F)
Vermelha	2	2	2	100Ω	±2% (G)
Laranja	3	3	3	1KΩ	
Amarela	4	4	4	10KΩ	
Verde	5	5	5	100KΩ	±0.5% (D)
Azul	6	6	6	1MΩ	±0.25% (C)
Violeta	7	7	7	10MΩ	±0.10% (B)
Cinza	8	8	8	100MΩ	±0.05%
Branca	9	9	9	1GΩ	
Ouro				0.1Ω	±5% (J)
Prata				0.01Ω	±10% (K)
Nenhum					±20%

Figura 6-4   Códigos de cores do resistor

notação científica: "×10^1" significa simplesmente "adicione um zero ao final do seu número". Se fosse azul, para ×10^6, significaria "adicione seis zeros ao final do seu número".

Tirando 33 das faixas laranja, mais o zero adicionado da faixa marrom, obtemos 330 — que é o valor do resistor, medido em ohms. A banda final, a da direita, é a *tolerância* do resistor. Isto é simplesmente o quão próximo do seu valor nominal provavelmente estará. Resistores mais baratos podem ter uma faixa prateada, indicando uma tolerância 10% maior ou menor que sua classificação, ou nenhuma última banda, indicando uma tolerância 20% maior ou menor. Os resistores mais caros possuem uma faixa cinza, indicando uma tolerância de 0,05% de sua classificação. Para projetos amadores, a precisão não é tão importante: qualquer tolerância geralmente funcionará bem.

Se o valor do seu resistor ultrapassar 1.000 ohms (1.000Ω), ele geralmente é classificado em quilohms (kΩ); se ultrapassar um milhão de ohms, são megohms (MΩ). Um resistor de 2.200Ω seria escrito como 2,2kΩ; um resistor de 2.200.000Ω seria escrito como 2,2MΩ.

VOCÊ PODE RESOLVER ISSO?

Quais faixas de cores um resistor de 100Ω teria? Quais faixas de cores um resistor de 2,2MΩ teria? Se você quisesse encontrar os resistores mais baratos, que faixa de tolerância de cores procuraria?

Seu primeiro programa de computação física: Olá, LED!

Assim como imprimir "Olá, Mundo" na tela é um primeiro passo fantástico no aprendizado de uma linguagem de programação, acender um LED é a introdução tradicional ao aprendizado da computação física. Para este projeto, você precisará de um LED e um resistor de 330 ohm (330Ω), ou o mais próximo de 330Ω que puder encontrar, além de fios de jumper fêmea para fêmea (F2F).

RESISTÊNCIA É VITAL

O resistor é um componente vital neste circuito: ele protege o Raspberry Pi e o LED, limitando a quantidade de corrente elétrica que o LED pode consumir. Sem ele, o LED pode consumir muita corrente e queimar a si mesmo — ou ao seu Raspberry Pi. Quando usado dessa forma, o resistor é conhecido como *resistor limitador de corrente*. O valor exato do resistor necessário depende do LED que você está usando, mas 330Ω funciona para a maioria dos LEDs comuns. Quanto maior o valor, mais escuro será o LED; quanto menor o valor, mais brilhante será o LED.

Nunca conecte um LED a um Raspberry Pi sem um resistor limitador de corrente, a menos que você saiba que o LED possui um resistor integrado de valor apropriado.

Comece verificando se o LED funciona. Vire seu Raspberry Pi de forma que o cabeçalho GPIO fique em duas faixas verticais no lado direito. Conecte uma extremidade do seu resistor de 330Ω ao primeiro pino de 3,3V (rotulado 3V3 em **Figura 6-5**) usando um fio jumper fêmea-para-fêmea e, em seguida, conecte a outra extremidade à perna longa — o terminal positivo, ou ânodo — do seu LED com outro fio jumper fêmea para fêmea. Pegue um último fio jumper fêmea para fêmea e conecte a perna curta — o fio negativo, ou cátodo — do seu LED ao primeiro pino de aterramento (rotulado GND em **Figura 6-5**).

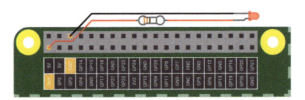

Figura 6-5   Conecte seu LED a esses pinos — não se esqueça do resistor!

Enquanto o Raspberry Pi estiver ligado, o LED deve acender. Caso contrário, verifique novamente o seu circuito: certifique-se de não ter usado um valor de resistor muito alto, de que todos os fios estejam conectados corretamente e de que você definitivamente escolheu os pinos GPIO corretos para corresponder ao diagrama. Verifique também as pernas do LED, pois os LEDs só funcionam de uma maneira: certifique-se de que a perna mais longa esteja conectada ao lado positivo do circuito e a perna mais curta ao negativo.

Assim que seu LED estiver funcionando, é hora de programá-lo. Desconecte o fio jumper do pino de 3,3 V (rotulado 3V3 em **Figura 6-6**) e conecte-o ao pino 25 do GPIO (rotulado GP25 em **Figura 6-6**). O LED apagará, mas não se preocupe — isso é normal.

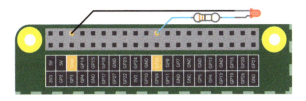

Figura 6-6   Desconecte o fio de 3V3 e conecte-o ao pino 25 do GPIO

Agora você está pronto para criar um programa Scratch ou Python para ligar e desligar seu LED.

CONHECIMENTO DE CODIFICAÇÃO

Os projetos neste capítulo exigem que você se sinta confortável com o uso do Scratch 3 e do ambiente de desenvolvimento integrado (IDE) Thonny Python. Se você ainda não fez isso, vá para Capítulo 4, *Programando com Scratch 3*, e Capítulo 5, *Programando com Python* e trabalhe nesses projetos primeiro.

Se você ainda não tem o Scratch 3 instalado, siga as instruções em «A ferramenta Software recomendada» a página 43 para instalá-lo.

Controle de LED no Scratch

Carregue o Scratch 3 e clique no ícone **Adicionar uma Extensão** . Role para baixo para encontrar a extensão **Raspberry Pi GPIO** (**Figura 6-7**) e clique nela. Isso carrega os blocos necessários para controlar o cabeçalho GPIO do Raspberry Pi do Scratch 3. Você verá os novos blocos aparecerem na paleta de blocos; quando você precisar deles, eles estarão disponíveis na categoria Raspberry Pi GPIO.

Comece arrastando um bloco `quando` 🏴 `for clicado` **Eventos** para a área de código e coloque um bloco verde `set gpio to output high` abaixo dele. Você precisará escolher o número do pino que está usando: clique na pequena seta para abrir a seleção suspensa e clique em **25** para informar ao Scratch que você está controlando o pino 25 do GPIO.

Figura 6-7 Adicione a extensão Raspberry Pi GPIO ao Scratch 3

Clique na bandeira verde para executar seu programa novamente. Você verá seu LED acender. Parabéns: você programou seu primeiro projeto de computação física! Clique no octógono vermelho para interromper o programa: percebeu como o LED permanece aceso? Isso ocorre porque seu programa apenas disse ao Raspberry Pi para ligar o LED — é isso que a parte **output high** do seu bloco `set gpio 25 to output high` significa. Para desligá-lo novamente, clique na seta para baixo no final do bloco e escolha "**low**" na lista.

Clique na bandeira verde novamente e desta vez seu programa apagará o LED. Para tornar as coisas mais interessantes, adicione um bloco laranja **sempre** **Controle** e alguns blocos laranja **espere 1 seg** para criar um programa para acender e apagar o LED a cada segundo.

Clique na bandeira verde e observe o seu LED: ele acenderá por um segundo, desligará por um segundo, acenderá por um segundo e continuará repetindo esse padrão até você clicar no octógono vermelho para pará-lo. Veja o que acontece quando você clica no octógono enquanto o LED está ligado ou desligado.

DESAFIO: VOCÊ PODE ALTERAR ISSO?

Como você mudaria o programa para fazer o LED permanecer aceso por mais tempo? Que tal ficar desligado por mais tempo? Qual é o menor atraso que você pode usar enquanto ainda vê o LED ligando e desligando?

Controle de LED em Python

Carregue Thonny na seção **Desenvolvimento** do menu Raspberry Pi e clique no botão **Novo** para iniciar um novo projeto e **Salvar** para salvá-lo como **Olá, LED.py**. Para usar os pinos GPIO do Python, você precisa de uma biblioteca chamada GPIO Zero. Para este projeto, você só precisa da parte da biblioteca para trabalhar com LEDs. Importe apenas esta seção da biblioteca digitando o seguinte na área do shell do Python:

```
from gpiozero import LED
```

Em seguida, você precisa informar ao GPIO Zero a qual pino GPIO o LED está conectado. Digite o seguinte:

```
led = LED(25)
```

Juntas, essas duas linhas dão ao Python a capacidade de controlar LEDs conectados aos pinos GPIO do Raspberry Pi e informar qual pino — ou pinos, se você tiver mais de um LED em seu circuito — controlar. Para controlar o LED e ligá-lo, digite o seguinte:

```
led.on()
```

Para desligar o LED novamente, digite: `led.off()`

Parabéns, agora você está controlando os pinos GPIO do Raspberry Pi no Python! Tente digitar essas duas instruções novamente. Se o LED já estiver apagado, `led.off()` não fará nada; o mesmo acontece se o LED já estiver aceso e você digitar `led.on()`.

Para escrever seu próprio programa, digite o seguinte na área de script:

```
from gpiozero import LED
from time import sleep
led = LED(25)
while True:
    led.on()
    sleep(1)
    led.off()
    sleep(1)
```

Este programa importa a função `LED` da biblioteca gpiozero (GPIO Zero) e a função `sleep` da biblioteca de tempo, depois constrói um loop infinito para ligar o LED por um segundo, desligá-lo por um segundo e repetir. Clique no botão **Executar** para vê-lo em ação: seu LED começará a piscar.

Assim como no programa Scratch, anote o comportamento do programa ao clicar no botão **Parar** enquanto o LED estiver aceso e observe o que acontece se você clicar enquanto o LED estiver apagado.

DESAFIO: MAIS ILUMINAÇÃO

Como você mudaria o programa para fazer o LED permanecer aceso por mais tempo? Que tal ficar desligado por mais tempo? Qual é o menor atraso que você pode usar enquanto ainda vê o LED ligando e desligando?

Usando uma placa de ensaio

Os próximos projetos deste capítulo serão muito mais fáceis de concluir se você estiver usando uma placa de ensaio (**Figura 6-8**) para segurar os componentes e fazer as conexões elétricas.

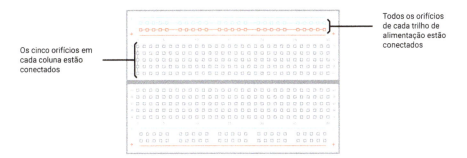

Os cinco orifícios em cada coluna estão conectados

Todos os orifícios de cada trilho de alimentação estão conectados

Figura 6-8 Uma placa de ensaio sem solda

Uma placa de ensaio é coberta com orifícios espaçados de 2,54 mm para combinar com a maioria dos componentes. Sob esses orifícios estão tiras de metal (terminais) que funcionam como os fios de ligação que você tem usado até agora. Eles ficam em colunas no tabuleiro, com a maioria dos tabuleiros tendo um espaço no meio para dividi-los em duas metades. Muitas placas de ensaio também têm letras no lado esquerdo e números na parte superior e inferior. Eles permitem que você encontre um buraco específico: A1 é o canto inferior esquerdo, B1 é o buraco logo acima dele, enquanto B2 é um buraco à direita. A1 é conectado a B1 pelas tiras de metal ocultas, mas nenhum orifício numérico é conectado a um orifício numérico diferente, a menos que você mesmo adicione um fio jumper.

Placas de ensaio maiores também têm tiras de furos na parte superior e inferior, normalmente marcadas com listras vermelhas e pretas ou vermelhas e azuis. Esses são os *trilhos de alimentação* e foram projetados para facilitar a fiação: você pode conectar um único fio do pino terra do Raspberry Pi a um dos barramentos de alimentação, normalmente marcado com uma faixa azul ou preta e um sinal de menos. símbolo — para fornecer um *ponto comum* para muitos componentes na placa de ensaio, e você pode fazer o mesmo se seu circuito precisar de alimentação de 3,3 V ou 5 V.

Adicionar componentes eletrônicos a uma placa de ensaio é simples: basta alinhar seus terminais (as peças metálicas adesivas) com os orifícios e empurrar suavemente até que o componente esteja no lugar. Para conexões que você precisa fazer além daquelas que a placa de ensaio faz para você, você pode usar jumpers macho-macho (M2M); para conexões da placa de ensaio ao Raspberry Pi, use fios jumper macho-fêmea (M2F).

ATENÇÃO

Nunca tente enfiar mais de um componente ou fio de jumper em um único orifício na placa de ensaio. Lembre-se: os furos são conectados em colunas, além da divisão no meio, portanto, um terminal componente em A1 é eletricamente conectado a qualquer coisa que você adicionar a B1, C1, D1 e E1.

Próximas etapas: entendendo um botão

Saídas como LEDs são uma coisa, mas a parte "entrada/saída" de "GPIO" significa que você também pode usar pinos como entradas. Para este projeto, você precisará de uma placa de ensaio, fios de jumper macho para macho (M2M) e macho para fêmea (M2F) e um botão de pressão. Se você não tiver uma placa de ensaio, poderá usar jumpers fêmea para fêmea (F2F), mas será muito mais difícil pressionar o botão sem interromper acidentalmente o circuito.

Comece adicionando o botão à sua placa de ensaio. Se o seu botão tiver apenas duas pernas, certifique-se de que eles estejam em orifícios numerados diferentes da placa de ensaio; se tiver quatro pernas, vire-o de forma que os lados de onde saem as pernas fiquem alinhados, conforme mostrado em **Figura 6-9**. Conecte o trilho de aterramento da sua placa de ensaio a um pino de aterramento do seu Raspberry Pi (marcado como GND) com um fio jumper M2F e, em seguida, conecte uma perna do seu botão ao trilho de aterramento com um fio jumper macho. Por fim, conecte a outra perna — aquela do mesmo lado da perna que você acabou de conectar, se estiver usando um switch de quatro pernas — ao pino GPIO 2 (marcado como GP2 em **Figura 6-9**) do seu Raspberry Pi com um conector macho para — fio jumper fêmea.

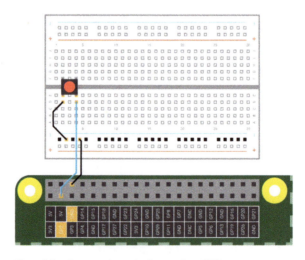

Figura 6-9   Conectando um botão aos pinos GPIO

Entendendo um botão no Scratch

Inicie um novo programa Scratch e arraste um bloco laranja `quando ⚑ for clicado` para a área de código. Conecte um bloco verde `set gpio to input pulled high` e selecione o número **2** no menu suspenso para corresponder ao pino GPIO usado para o botão.

Se você clicar na bandeira verde agora, nada acontecerá. Isso porque você disse ao Scratch para usar o pino como entrada, mas não o que fazer com essa entrada. Arraste um bloco laranja `sempre` até o final da sua sequência e, em seguida, arraste um bloco laranja `se então senão` dentro dele. Encontre o bloco verde `gpio is high?`, arraste-o para o espaço em forma de diamante na parte `se então` do bloco laranja e use o menu suspenso para selecionar o número **2** para informar qual pino GPIO verificar. Arraste um bloco violeta `diga Olá! por 2 segundos` para a parte `senão` do bloco laranja e edite-o para "**Botão pressionado!**". Deixe o espaço entre `se então` e `senão` no bloco laranja vazio por enquanto.

Há muita coisa acontecendo aqui. Comece testando seu programa: clique na bandeira verde e aperte o botão na sua placa de ensaio. Seu objeto deve informar que o botão foi pressionado. Parabéns: você leu com sucesso uma entrada do pino GPIO!

Como o espaço entre ⬭se então⬭ e ⬭senão⬭ no bloco laranja está vazio por enquanto, nada acontece quando ⬭gpio 2 is high?⬭ é avaliado como verdadeiro. O código executado quando o botão é pressionado está na parte ⬭senão⬭ do bloco. Isso parece confuso: certamente pressionar o botão o faz subir? Na verdade, é o oposto: Os pinos GPIO do Raspberry Pi são normalmente altos, ou ligados, quando definidos como uma entrada, e pressionar o botão os puxa para baixo.

Olhe novamente para o seu circuito: veja como o botão está conectado ao pino GPIO 2, que fornece a parte positiva do circuito, e ao pino terra. Quando o botão é pressionado, a tensão no pino GPIO é reduzida através do pino terra, e seu programa Scratch para de executar o código (se houver) em seu bloco ⬭if gpio 2 is high ? then⬭ e, em vez disso, executa o código no bloco ⬭senão⬭.

Se tudo isso parece desconcertante, lembre-se disso: um botão em um pino GPIO do Raspberry Pi é considerado pressionado quando o pino fica baixo, não quando fica alto!

Para estender ainda mais o seu programa, adicione o LED e o resistor de volta ao circuito. Lembre-se de conectar o resistor ao pino 25 do GPIO e à perna longa do LED, e a perna mais curta do LED ao trilho de aterramento da sua placa de ensaio.

Arraste o bloco ⬭diga Botão pressionado! por 2 segundos⬭ da área de código para a paleta de blocos para excluí-lo e, em seguida, substitua-o por um bloco verde ⬭set gpio 25 to output high⬭, certificando-se de alterar o número GPIO usando a seta suspensa. Adicione um bloco verde ⬭set gpio 25 to output low⬭ — lembrando-se de alterar o número GPIO — à parte atualmente vazia ⬭if gpio 2 is high ? then⬭ do bloco.

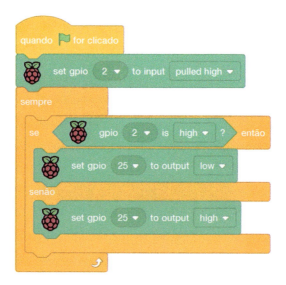

Clique na bandeira verde e aperte o botão. O LED acenderá enquanto você mantiver o botão pressionado; solte e tudo ficará escuro novamente. Parabéns: você está controlando um pino GPIO com base na entrada de outro!

DESAFIO: FAÇA FICAR ILUMINADO

Como você mudaria o programa para que o LED permanecesse aceso por alguns segundos, mesmo depois de soltar o botão? O que você precisaria mudar para que o LED acenda enquanto você não estiver pressionando o botão e desligue enquanto você estiver pressionando o botão?

Entendendo um botão no Scratch

Clique no botão **Novo** no Thonny para iniciar um novo projeto e no botão **Salvar** para salvá-lo como **Botão Input.py**. Usar um pino GPIO como entrada para um botão é muito semelhante a usar um pino como saída para um LED, mas você precisa importar uma parte diferente da biblioteca GPIO Zero. Digite o seguinte na área de script:

```
from gpiozero import Button
button = Button(2)
```

Para que o código seja executado quando o botão for pressionado, GPIO Zero fornece a função **wait_for_press**. Digite o seguinte:

```
button.wait_for_press()
print("Você me empurrou!")
```

Clique no botão **Executar** e, em seguida, pressione o botão. Sua mensagem será impressa no shell do Python na parte inferior da janela do Thonny.

Parabéns: você leu com sucesso uma entrada do pino GPIO!

Se quiser experimentar o programa novamente, você precisará clicar no botão **Executar** de novo. Como não há loop no programa, ele é encerrado assim que termina de imprimir a mensagem no shell.

Para estender ainda mais seu programa, adicione o LED e o resistor de volta ao circuito, caso ainda não tenha feito isso: lembre-se de conectar o resistor ao pino 25 do GPIO e à perna longa do LED e à perna mais curta do LED ao trilho de aterramento em sua placa de ensaio.

Para controlar um LED e também ler um botão, você precisará importar as funções **Button** e **LED** da biblioteca GPIO Zero. Você também precisará da função **sleep** da biblioteca **time**. Volte ao início do seu programa e digite o seguinte como as duas primeiras linhas:

```
from gpiozero import LED
from time import sleep
```

Abaixo da linha **button = Button(2)**, digite:

```
led = LED(25)
```

Exclua a linha **print("Você me empurrou!")** e substitua-a por:

```
led.on()
sleep(3)
led.off()
```

Seu programa finalizado deverá ficar assim:

```
from gpiozero import LED
from time import sleep
from gpiozero import Button

button = Button(2)
led = LED(25)
button.wait_for_press()
led.on()
sleep(3)
led.off()
```

Clique no botão **Executar** e, em seguida, pressione o botão: o LED acenderá por três segundos, depois desligará novamente e o programa será encerrado.

Parabéns: você pode controlar um LED usando uma entrada de botão em Python!

DESAFIO: ADICIONE UM LOOP

Como você adicionaria um loop para repetir o programa em vez de sair após pressionar um botão? O que você precisaria mudar para que o LED acenda enquanto você não estiver pressionando o botão e desligue enquanto você estiver pressionando o botão?

Faça barulho: controlando uma campainha

Os LEDs são um ótimo dispositivo de saída, mas não têm muita utilidade se você não estiver olhando para eles. A solução: campainhas, que emitem um ruído audível em qualquer parte da sala. Para este projeto, você precisará de uma placa de ensaio, jumpers macho-fêmea (M2F) e uma campainha ativa. Se você não tiver uma placa de ensaio, poderá conectar a campainha usando fios jumper fêmea para fêmea (F2F).

Uma campainha ativa pode ser tratada exatamente como um LED em termos de circuitos e programação. Repita o circuito que você fez para o LED, mas substitua o LED pela campainha ativa e deixe o resistor de fora, pois a campainha precisará de mais corrente para funcionar. Conecte uma perna da campainha ao pino 15 do GPIO (rotulado GP15 em **Figura 6-10**) e a outra ao pino de aterramento (rotulado GND no diagrama) usando sua placa de ensaio e fios de jumper macho-fêmea.

Se a sua campainha tiver três pernas, certifique-se de que a perna marcada com um símbolo de menos (-) esteja conectada ao pino de aterramento e a perna marcada com "S" ou "SINAL" esteja conectada ao pino 15 e, em seguida, conecte a perna restante — geralmente a perna do meio — para o pino de 3,3 V (rotulado 3V3).

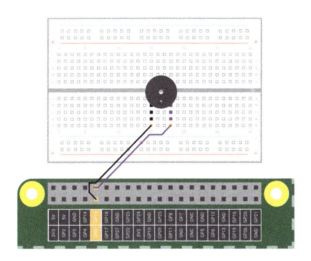

Figura 6-10   Conectando uma campainha aos pinos GPIO

Controlando uma campainha no Scratch

Recrie o programa que você usou para fazer o LED piscar — ou carregue-o, se você o salvou anteriormente. Use o menu suspenso nos blocos verdes para selecionar o número **15**, para que o Scratch controle o pino GPIO correto.

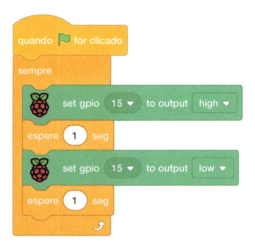

Clique na bandeira verde e sua campainha começará a tocar: um segundo ligado, um segundo desligado. Se você ouvir a campainha clicando apenas uma vez por segundo, sua campainha está passiva, não ativa. Enquanto uma campainha ativa gera um sinal que muda rapidamente, conhecido como *oscilação*, para fazer as placas de metal vibrarem, uma campainha passiva precisa receber um sinal de oscilação externo em vez de produzir um por si só. Quando você o liga usando o Scratch, as placas se movem apenas uma vez e param, emitindo um som de "clique" até a próxima vez que o programa ligar ou desligar o pino.

Clique no octógono vermelho para parar a campainha, mas faça isso quando não estiver emitindo nenhum som, caso contrário a campainha tocará até você executar o programa novamente!

> **DESAFIO: MUDAR A CAMPAINHA**
>
> Como você poderia mudar o programa para fazer a campainha tocar por menos tempo? Você pode construir um circuito para que a campainha seja controlada por um botão?

Controlando uma campainha no Python

Controlar uma campainha ativa por meio da biblioteca GPIO Zero é quase idêntico ao controlar um LED, pois possui estados ligado e desligado. Você precisa de uma função diferente: **Buzzer**. Inicie um novo projeto no Thonny e salve-o como **Buzzer.py** e digite o seguinte:

```
from gpiozero import Buzzer
from time import sleep
```

Tal como acontece com os LEDs, o GPIO Zero precisa saber a qual pino sua campainha está conectada para controlá-la. Digite o seguinte:

```
buzzer = Buzzer(15)
```

A partir daqui, seu programa é quase idêntico ao que você escreveu para controlar o LED; a única diferença (além de um número PIN GPIO diferente) é que você está usando **buzzer** no lugar de **led**. Digite o seguinte:

```
while True:
    buzzer.on()
    sleep(1)
    buzzer.off()
    sleep(1)
```

Clique no botão **Executar** e sua campainha começará a tocar: um segundo ligada e um segundo desligada. Se você estiver usando uma campainha passiva em vez de uma campainha ativa, ouvirá apenas um breve clique a cada segundo, em vez de um zumbido contínuo.

Clique no botão **Parar** para sair do programa, mas certifique-se de que a campainha não esteja emitindo nenhum som no momento, ou continuará a tocar até que você execute o programa novamente!

Projeto Scratch: Semáforos

Agora que você sabe como usar botões, campainhas e LEDs como entradas e saídas, está pronto para construir um exemplo de computação do mundo real: semáforos, completos com um botão que você pode pressionar para atravessar a rua. Para este projeto, você precisará de uma protoboard; LEDs vermelhos, amarelos e verdes; três resistores de 330Ω; uma campainha; um interruptor de botão; e uma seleção de fios jumper macho para macho (M2M) e macho para fêmea (M2F).

Comece construindo o circuito (**Figura 6-11**), conectando a campainha ao pino 15 do GPIO (rotulado GP15 em **Figura 6-11**), o LED vermelho ao pino 25 (rotulado GP25), o LED amarelo ao pino 8 (GP8), o LED verde no pino 7 (GP7) e a chave no pino 2 (GP2). Lembre-se de conectar os resistores de 330Ω entre os pinos GPIO e as pernas longas dos LEDs e conectar as segundas pernas de todos os seus componentes ao trilho de aterramento da sua placa de ensaio. Finalmente, conecte o trilho de aterramento a um pino de aterramento (rotulado GND) no Raspberry Pi para completar o circuito.

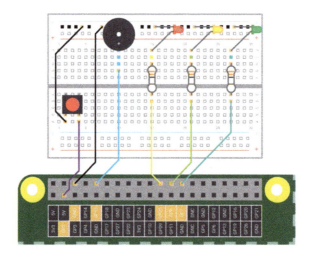

Figura 6-11   Esquema elétrico do projeto Semáforos

Inicie um novo projeto Scratch 3 e arraste um bloco `quando 🏳 for clicado` para a área de código. Em seguida, você precisará informar ao Scratch que o pino 2 do GPIO, que está conectado ao botão de pressão, é uma entrada e não uma saída. Arraste um bloco verde `set gpio to input pulled high` da categoria **Raspberry Pi GPIO** da paleta de blocos sob o seu bloco `quando 🏳 for clicado`. Clique na seta para baixo ao lado de **0** e selecione **2** na lista suspensa.

Em seguida, você precisa criar sua sequência de semáforos. Arraste um bloco laranja `sempre` para o seu programa e preencha-o com blocos para ligar e desligar os LEDs do semáforo em um padrão. Lembre-se de quais pinos GPIO possuem qual componente conectado: quando você usa o pino 25, você está usando o LED vermelho, o pino 8 é o LED amarelo e o pino 7 é o LED verde.

Clique na bandeira verde e observe seus LEDs: primeiro acenderá o vermelho, depois tanto o vermelho quanto o amarelo, depois o verde, depois o amarelo e, por fim, a sequência se repete, começando novamente com a luz vermelha. Este padrão corresponde ao usado pelos semáforos no Reino Unido; você pode editar a sequência para corresponder aos padrões de outros países, se desejar.

Para simular uma travessia de pedestres, você precisa que seu programa observe o botão sendo pressionado. Clique no octógono vermelho para interromper o programa se ele estiver em execução. Arraste um bloco laranja se então senão para sua área de script e conecte-o de forma que fique direta-mente abaixo de seu bloco sempre , com sua sequência de semáforos na seção se então . Deixe a lacuna em forma de diamante vazia por enquanto.

Uma faixa de pedestres real não muda o semáforo para vermelho assim que o botão é pressionado, mas espera pelo próximo semáforo vermelho na sequência. Para incorporar isso em seu próprio programa, arraste um bloco verde when gpio is low para a área de código e selecione **2** na lista suspensa. Crie uma nova variável chamada **empurrado**. Em seguida, arraste um bloco laranja mude empurrado para 1 abaixo dele.

Esta pilha de blocos observa o botão que está sendo pressionado e então define a variável **empurrado** como 1. Definir uma variável dessa forma permite armazenar o fato de que o botão foi pressionado, mesmo que você não vá agir imediatamente.

Volte para sua pilha de blocos original e encontre o bloco se então . Arraste um bloco de operador verde em forma de diamante ⬤=⬤ para o diamante em branco do bloco se então e, em seguida, arraste um bloco repórter laranja-escuro pushed para o primeiro espaço em branco. Digite **0** sobre **50** no lado direito do bloco.

Clique na bandeira verde e observe os semáforos seguirem sua sequência. Quando estiver pronto, pressione o botão: a princípio parecerá que nada está acontecendo, mas quando a sequência chegar ao fim — apenas com o LED amarelo aceso — os semáforos se apagarão e permanecerão desligados, gra-ças a sua variável **empurrado**.

Tudo o que resta é fazer com que o botão de passagem de pedestres faça outra coisa além de apagar as luzes. Na pilha de blocos principal, encontre o bloco `senão` e arraste um bloco `set gpio 25 to output high` para ele — lembre-se de alterar o número do pino GPIO padrão para corresponder ao pino ao qual seu LED vermelho está conectado.

Abaixo dele, ainda no bloco `senão`, crie um padrão para a campainha: arraste um bloco laranja `repita 10 vezes`, depois preencha-o com um verde `set gpio 15 to output high`, um laranja `espere 0.2 seg`, um verde `espere 0.2 seg`, e outro bloco laranja `espere 0.2 seg`, alterando os valores dos pinos GPIO para corresponder ao pino da campainha.

Finalmente, abaixo da parte inferior do seu bloco `repita 10 vezes`, mas ainda no bloco `senão`, adicione um bloco verde `set gpio 25 to output low` e um bloco laranja escuro `mude empurrado para 0`. O último bloco redefine a variável que armazena o pressionamento do botão, para que a sequência da campainha não se repita para sempre.

Clique na bandeira verde e pressione o botão na placa de ensaio. Após o término da sequência, você verá a luz vermelha acender e ouvirá a campainha para avisar aos pedestres que é seguro atravessar. Após alguns segundos, a campainha irá parar e a sequência do semáforo começará novamente e continuará até a próxima vez que você pressionar o botão.

Parabéns: você programou seu próprio conjunto de semáforos totalmente funcional, completo com faixa de pedestres!

DESAFIO: VOCÊ PODE MELHORAR?

Você pode alterar o programa para dar ao pedestre mais tempo para atravessar? Você consegue encontrar informações sobre os padrões de semáforos de outros países e reprogramar suas luzes para corresponder? Como você poderia tornar os LEDs menos brilhantes?

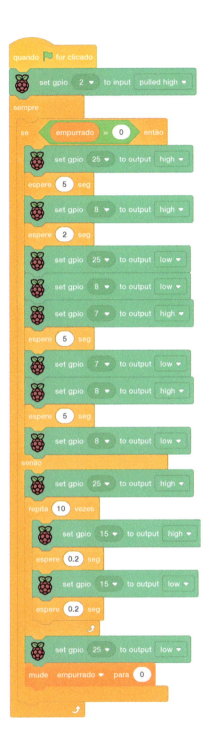

Projeto Python: Jogo de reação rápida

Agora que você sabe como usar botões e LEDs como entradas e saídas, está pronto para criar um exemplo de computação do mundo real: um jogo de reação rápida para dois jogadores, projetado para ver quem tem o tempo de reação mais rápido! Para este projeto, você precisará de uma placa de ensaio, um LED, um resistor de 330Ω, dois interruptores de botão, alguns fios de jumper macho-fêmea (M2F) e alguns fios de jumper macho-macho (M2M).

Comece construindo o circuito (**Figura 6-12**): conecte o primeiro switch no lado esquerdo da sua placa de ensaio ao pino 14 do GPIO (rotulado GP14 em **Figura 6-12**). A segunda chave no lado direito da sua placa de ensaio vai para o pino 15 (rotulado GP15); a perna mais longa do LED se conecta ao resistor de 330Ω , que então se conecta ao pino 4 do GPIO (rotulado GP4). A segunda perna de todos os seus componentes se conecta ao trilho de aterramento da placa de ensaio. Finalmente, conecte o trilho de aterramento ao pino de aterramento do Raspberry Pi (rotulado GND).

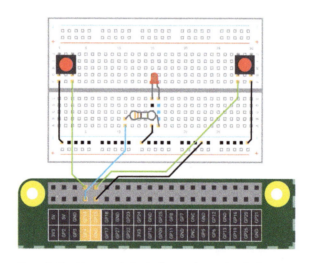

Figura 6-12 Diagrama de fiação do Jogo de Reação Rápida

Inicie um novo projeto no Thonny e salve-o como **Reação Game.py**. Você usará as funções **LED** e **button** da biblioteca GPIO Zero e a função **sleep** da biblioteca de tempo. Em vez de importar as duas funções GPIO Zero em duas linhas separadas, você pode economizar tempo e importá-las juntas usando um símbolo de vírgula (**,**) para separá-las. Digite o seguinte na área de script:

```
from gpiozero import LED, Button
from time import sleep
```

Como antes, você precisará informar ao GPIO Zero a quais pinos os dois botões e o LED estão conectados. Digite o seguinte:

```
led = LED(4)
right_button = Button(15)
left_button = Button(14)
```

Agora adicione instruções para ligar e desligar o LED, para que você possa verificar se está funcionando corretamente:

```
led.on()
sleep(5)
led.off()
```

Clique no botão **Executar**. O LED acenderá por cinco segundos e depois apagará. Então o programa será encerrado. Para efeitos de um jogo de reação, fazer com que o LED apague exatamente cinco segundos todas as vezes é um pouco previsível. Adicione o seguinte abaixo da linha `from time import sleep`:

```
from random import uniform
```

A biblioteca **random**, como o próprio nome sugere, permite gerar números aleatórios (neste caso com uma distribuição uniforme — veja **rptl.io/uniform-dist**). Encontre a linha **sleep(5)** e altere-a para:

```
sleep(uniform(5, 10))
```

Clique no botão **Executar** novamente: desta vez o LED permanecerá aceso por um número aleatório de segundos entre 5 e 10. Conte para ver quanto tempo leva para o LED apagar e clique no botão **Executar** mais algumas vezes. Você verá que o tempo é diferente para cada execução, tornando o programa menos previsível.

Para transformar os botões em gatilhos para cada jogador, é necessário adicionar uma função. Vá até o final do seu programa e digite o seguinte:

```
def pressed(button):
    print(str(button.pin.number) + " venceu o jogo")
```

Lembre-se que o Python usa indentação para entender quais linhas fazem parte da sua função; Thonny recuará automaticamente a segunda linha para você.

Por fim, adicione as duas linhas a seguir para detectar quando os jogadores pressionam os botões — lembre-se de que eles não devem ser recuados, caso contrário o Python os tratará como parte de sua função.

```
right_button.when_pressed = pressed
left_button.when_pressed = pressed
```

Execute seu programa e desta vez tente pressionar um dos dois botões assim que o LED apagar. Você verá uma mensagem mostrando qual botão foi pressionado primeiro, impressa no shell do Python na parte inferior da janela do Thonny. Infelizmente, você verá a mesma mensagem cada vez que um dos botões for pressionado, usando o número PIN em vez de um nome amigável para o botão.

Para corrigir isso, comece perguntando os nomes dos jogadores. Abaixo da linha `from random import uniform`, digite o seguinte:

```
left_name = input("O nome do jogador da esquerda é ")
right_name = input("O nome do jogador da direita é ")
```

Volte para sua função e substitua a linha `print(str(button.pin.number) + " venceu o jogo")` por:

```
    if button.pin.number == 14:
        print (left_name + " venceu o jogo")
    else:
        print(right_name + " venceu o jogo")
```

Clique no botão **Executar** e digite os nomes de ambos os jogadores na área do shell do Python. Ao pressionar o botão desta vez — o mais rápido possível depois que o LED se apagar — você verá o nome do jogador exibido em vez do número PIN.

Para corrigir o problema de todos os pressionamentos de botão serem considerados uma vitória, você precisará adicionar uma nova função da biblioteca **os** — abreviação de *sistema operativo*: **_exit**. Abaixo da última linha **import**, digite o seguinte:

```
from os import _exit
```

Então, no final da sua função, abaixo da linha `print(right_name + " venceu o jogo")`, digite o seguinte:

```
    _exit(0)
```

O recuo é importante aqui: **_exit(0)** deve ser recuado por quatro espaços, alinhando-se com **else** duas linhas acima dele, e **if** duas linhas acima disso. Esta instrução diz ao Python para parar o programa depois que o primeiro botão for pressionado, o que significa que o jogador que pressionar o botão tarde demais não receberá uma recompensa pela perda!

Seu programa finalizado deverá ficar assim:

```python
from gpiozero import LED, Button
from time import sleep
from random import uniform
from os import _exit

left_name = input("O nome do jogador da esquerda é ")
right_name = input ("O nome do jogador da direita é ")
led = LED(4)
right_button = Button(15)
left_button = Button(14)

led.on()
sleep(uniform(5, 10))
led.off()

def pressed(button):
    if button.pin.number == 14:
        print(left_name + " venceu o jogo")
    else:
        print(right_name + " venceu o jogo")
    _exit(0)

right_button.when_pressed = pressed
left_button.when_pressed = pressed
```

Clique no botão **Executar**, digite os nomes dos jogadores, espere o LED apagar, pressione um botão e você verá o nome do jogador vencedor. Você também verá uma mensagem do próprio Python: **Process ended with exit code 0.** Isso significa que Python recebeu seu comando **_exit(0)** e interrompeu o programa, e está pronto para as próximas instruções. Se quiser jogar novamente, clique no botão **Executar** mais uma vez!

Parabéns: você criou seu próprio jogo físico!

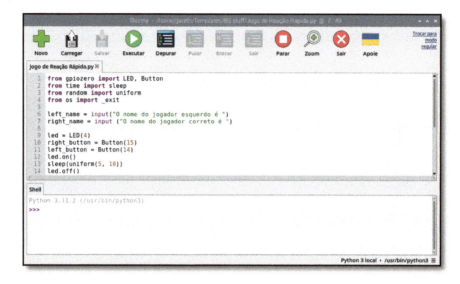

Figura 6-13 Quem for o primeiro a apertar o botão depois que a luz se apagar será declarado vencedor

? DESAFIO: MELHORAR O JOGO

Você pode adicionar um loop para que o jogo rode continuamente? Lembre-se de remover a instrução `_exit(0)` primeiro! Você pode adicionar um contador de pontuação para ver quem está ganhando em várias rodadas? Que tal um cronômetro, para que você possa ver quanto tempo demorou para reagir à luz se apagar?

Capítulo 7

Computação física com Sense HAT

Conforme usado na Estação Espacial Internacional, o Sense HAT é uma placa complementar multifuncional para Raspberry Pi, equipada com sensores e um display de matriz de LED.

O Raspberry Pi vem com suporte para um tipo especial de placa complementar chamada *Hardware Attached on Top (HAT)*. Os HATs podem adicionar tudo, desde microfones e luzes a relés eletrônicos e telas ao Raspberry Pi, mas um HAT em particular é muito especial: o Sense HAT.

O Sense HAT foi projetado especialmente para a missão espacial Astro Pi. Um projeto conjunto entre a Fundação Raspberry Pi, a Agência Espacial do Reino Unido e a Agência Espacial Europeia (ESA), o Astro Pi viu placas Raspberry Pi, câmeras e Sense HATs transportados para a Estação Espacial Internacional (ISS) a bordo de um foguete de carga Orbital Science Cygnus. Desde que alcançaram com segurança a órbita acima da Terra, os Raspberry Pis — apelidados de Ed e Izzy pelos astronautas — têm sido usados para executar códigos e realizar experiências científicas com a colaboração de dezenas de milhares de crianças em idade escolar de dezenas de países em toda a Europa. O novo e atualizado hardware Raspberry Pi (Raspberry Pi 4s apelidado de Flora, Fauna e Fungi) foi enviado à ISS em 2022. Se você estiver na Europa e tiver menos de 19 anos, poderá descobrir como executar seu próprio código e fazer experimentos no espaço em **astro-pi.org**.

O mesmo hardware Sense HAT que está em uso na ISS também pode ser encontrado aqui na Terra, em todos os varejistas Raspberry Pi — e se você não quiser comprar um Sense HAT agora, você pode simular um em software.

Apresentando o Sense HAT

O Sense HAT (**Figura 7-1**) é um complemento poderoso e multifuncional para Raspberry Pi. Além de uma matriz 8×8 de 64 LEDs programáveis vermelhos, verdes e azuis (RGB) que podem ser controlados para produzir qualquer cor em uma faixa de milhões, o Sense HAT inclui um controlador de joystick de cinco direções e seis (ou sete, em modelos posteriores) sensores integrados.

Figura 7-1 O Sense HAT

▸ **Sensor giroscópio** — Usado para detectar mudanças no ângulo ao longo do tempo, tecnicamente conhecido como *velocidade angular*, o sensor giroscópio pode dizer quando você gira o Sense HAT em qualquer um desses três eixos — e com que rapidez ele está girando.

▸ **Acelerômetro** — Semelhante ao sensor giroscópio, mas em vez de monitorar um ângulo, ele mede a força de aceleração em múltiplas direções. Combinadas, as leituras (dados) do acelerômetro e do sensor giroscópio podem ajudá-lo a rastrear para onde um Sense HAT está apontando e como ele está sendo movido.

▸ **Magnetômetro** — Mede a intensidade de um campo magnético. Ao medir o campo magnético natural da Terra, o magnetômetro pode descobrir a direção do norte magnético. O mesmo sensor também pode ser usado para detectar objetos metálicos e até campos elétricos. Todos esses três sensores são integrados em um único chip, identificado como **ACCEL/GYRO/MAG** na placa de circuito do Sense HAT.

▸ **Sensor de umidade** — Mede a quantidade de vapor d'água no ar (a *umidade relativa*). A umidade relativa pode variar de 0%, quando não há vapor de água presente, até 100%, quando o ar está completamente saturado. Os dados de umidade também podem ajudar a detectar quando pode chover.

▸ **Sensor de pressão barométrica** — também conhecido como *barômetro*, mede a pressão do ar. Embora a maioria das pessoas esteja familiarizada com a pressão barométrica a partir da previsão do tempo, o barômetro tem um segundo uso secreto: ele pode monitorar quando você está subindo ou descendo uma colina ou montanha, à medida que o ar fica mais rarefeito e a pressão diminui à medida que você avança. obtido do nível do mar da Terra.

▸ **Sensor de temperatura** — Mede o quão quente ou frio está o ambiente ao redor. Esta medição pode ser afetada por quão quente ou frio o próprio Sense HAT está: se você estiver usando um case, poderá descobrir que suas leituras são mais altas do que o esperado. O Sense HAT não possui um sensor de temperatura separado; em vez disso, ele usa sensores de temperatura integrados aos sensores de umidade e pressão barométrica. Um programa pode usar um ou ambos os sensores: você decide.

▸ **Sensor de cor e brilho** — Disponível apenas no Sense HAT V2, o sensor de cor e brilho capta a luz ao seu redor e informa sobre sua intensidade — ótimo para projetos nos quais você deseja monitorar automaticamente diminua e aumente o brilho dos LEDs de acordo com a iluminação da sua sala. O sensor também pode ser usado para relatar a cor da luz recebida. Suas leituras serão afetadas pela luz proveniente da própria matriz de LED do Sense HAT, portanto, considere isso ao projetar seus experimentos. Este é o único sensor que você não pode emular usando o emulador Sense HAT; você precisará de um Sense HAT V2 real para usá-lo.

SENSE HAT NO RASPBERRY PI 400

O Sense HAT é totalmente compatível com Raspberry Pi 400 e pode ser inserido diretamente no cabeçalho GPIO na parte traseira. No entanto, os LEDs ficarão voltados para longe de você e a placa ficará de cabeça para baixo.

Para corrigir isso, você precisará de um cabo ou placa de extensão GPIO. As extensões compatíveis incluem a linha Black HAT Hack3r de **pimoroni.com**; você pode usar o Sense HAT com a própria placa Black HAT Hack3r ou simplesmente usar o cabo de fita de 40 pinos incluído como extensão. Porém, sempre verifique as instruções do fabricante para ter certeza de que está conectando o cabo e o Sense HAT da maneira correta!

Instalando o Sense HAT

Comece desempacotando seu Sense HAT e certificando-se de ter todas as peças: você deve ter o próprio Sense HAT, quatro pilares de metal ou plástico conhecidos como *espaçadores* e oito parafusos. Você também pode ter alguns pinos de metal montados em uma tira de plástico preta, como os pinos GPIO do Raspberry Pi; nesse caso, empurre esta tira com o pino para cima na parte inferior do Sense HAT até ouvir um clique.

Os espaçadores são projetados para impedir que o Sense HAT dobre e flexione conforme você usa o joystick. Embora o Sense HAT funcione sem que eles sejam instalados, usá-los ajudará a proteger seu Sense HAT, Raspberry Pi e cabeçalho GPIO contra danos.

Se estiver usando o Sense HAT com Raspberry Pi Zero 2 W, você não poderá usar todos os quatro espaçadores. Você também precisará soldar alguns pinos no conector GPIO ou comprar sua placa de um revendedor que tenha feito isso para você.

ATENÇÃO!

Os módulos Hardware Attached on Top (HAT) só devem ser conectados e removidos do cabeçalho GPIO enquanto o Raspberry Pi estiver desligado e desconectado da fonte de alimentação. Sempre tenha cuidado para manter o HAT plano ao instalá-lo e verifique novamente se ele está alinhado com os pinos do cabeçalho GPIO antes de empurrá-lo para baixo.

Instale os espaçadores empurrando quatro parafusos por baixo do Raspberry Pi através dos quatro orifícios de montagem em cada canto. Torça os espaçadores nos parafusos. Empurre o Sense HAT para baixo no cabeçalho GPIO do Raspberry Pi, certificando-se de alinhá-lo corretamente com os pinos abaixo e mantê-lo o mais plano possível.

Por fim, aparafuse os quatro parafusos finais nos orifícios de montagem do Sense HAT e nos espaçadores instalados anteriormente. Se estiver instalado corretamente, o Sense HAT deve ser plano e nivelado e não deve dobrar ou oscilar conforme você pressiona o joystick.

Conecte a energia novamente ao seu Raspberry Pi e você verá os LEDs no Sense HAT acenderem em um padrão de arco-íris (**Figura 7-2**) e depois apagarão novamente. Seu Sense HAT agora está instalado!

Se você quiser remover o Sense HAT novamente, desfaça os parafusos superiores, levante o HAT — tomando cuidado para não dobrar os pinos do cabeçalho GPIO,

Figura 7-2 Um padrão de arco-íris aparece quando a energia é ligada pela primeira vez

pois o HAT segura com bastante firmeza (pode ser necessário retirá-lo com cuidado) — em seguida, remova os espaçadores do Raspberry Pi.

Você precisará de algum software para programar o Sense HAT, que pode ainda não estar instalado. Se você ainda não tem o Scratch 3 instalado, siga as instruções em «A ferramenta Software recomendada» a página 43 para instalá-lo. Siga as instruções em Apêndice B, *Instalando e desinstalando software* para instalar o Emulador Sense HAT.

EXPERIÊNCIA DE PROGRAMAÇÃO

Este capítulo pressupõe experiência com Scratch 3 ou Python e o ambiente de desenvolvimento integrado Thonny (IDE). Se você ainda não fez isso, vá para Capítulo 4, *Programando com Scratch 3*, ou Capítulo 5, *Programando com Python* e trabalhe primeiro nos projetos desses capítulos.

Olá, Sense HAT!

Tal como acontece com todos os projetos de programação, há um lugar óbvio para começar com o Sense HAT: rolar uma mensagem de boas-vindas em seu display LED. Se você estiver usando o emulador Sense HAT, carregue-o agora clicando no ícone Raspberry Pi, escolhendo a categoria **Desenvolvimento** e clicando em **Sense HAT Emulator**.

Saudações do Scratch

Carregue o Scratch 3 no menu Raspberry Pi. Clique no botão **Adicionar uma Extensão** no canto inferior esquerdo da janela Scratch. Clique na extensão **Raspberry Pi Sense HAT (Figura 7-3)**. Isso carrega os blocos necessários para controlar os vários recursos do Sense HAT, incluindo seu display LED. Quando precisar deles, você os encontrará na categoria **Raspberry Pi Sense HAT**.

Figura 7-3   Adicionando a extensão Raspberry Pi Sense HAT ao Scratch 3

Comece arrastando um bloco `quando ⚑ for clicado` **Eventos** para a área do script e, em seguida, arraste um bloco `display text Olá!` diretamente abaixo dele. Edite o texto para que o bloco seja `display text Olá, Mundo!`.

Clique na bandeira verde na área do palco e observe seu Sense HAT ou o emulador Sense HAT: a mensagem rolará lentamente pela matriz de LED do Sense HAT, acendendo os pixels do LED para formar cada letra por vez (**Figura 7-4**). Parabéns: seu programa é um sucesso!

Agora que você pode rolar uma mensagem simples, é hora de controlar como essa mensagem é exibida. Além de poder modificar a mensagem, você pode

Figura 7-4 Sua mensagem rola pela matriz de LED

alterar a rotação — a direção em que a mensagem é exibida. Arraste um bloco `set rotation to 0 degrees` da paleta de blocos e insira-o abaixo de `quando` `for clicado` e acima de `display text Olá, Mundo!`. Clique na seta para baixo ao lado de **0** e altere para **90**.

Clique na bandeira verde e você verá a mesma mensagem de antes, mas em vez de rolar da esquerda para a direita, ela rolará de baixo para cima (**Figura 7-5**) — você precisará vire a cabeça, ou o Sense HAT, para ler!

Figura 7-5 Desta vez a mensagem rola verticalmente

Agora mude a rotação de volta para 0 e arraste um bloco `set colour` entre `set rotation to 0 degrees` e `display text Olá, Mundo!`. Clique na cor no final do bloco para abrir o seletor de cores do Scratch e encontre uma bela cor amarela brilhante. Agora clique na bandeira verde para ver como a saída do seu programa mudou (**Figura 7-6**).

Finalmente, arraste um bloco `set background` entre `set colour` e `display text Olá, Mundo!`. Clique na cor para abrir o seletor de cores novamente. Desta vez, a escolha de uma cor não afeta os LEDs que compõem a mensagem.

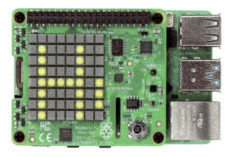

Figura 7-6 Alterando a cor do texto

Ele muda os LEDs que não mudam: o fundo. Encontre uma bela cor azul e clique na bandeira verde novamente: desta vez sua mensagem será em amarelo brilhante sobre fundo azul. Tente alterar essas cores para encontrar sua combinação favorita — nem todas as cores funcionam bem juntas!

Além de poder rolar mensagens inteiras, você pode mostrar letras individuais. Arraste o bloco `display text Olá, Mundo!` para fora da área de script para excluí-lo e, em seguida, arraste um bloco `display character A` para a área de script em seu lugar.

Clique na bandeira verde e você verá a diferença: este bloco mostra apenas uma letra por vez, e a letra permanece no Sense HAT até que você diga o contrário, sem rolar ou desaparecer. Os mesmos blocos de controle de cores se aplicam a este bloco como o bloco `display text`: tente mudar a cor da letra para vermelho (**Figura 7-7**).

Figura 7-7 Exibindo uma única letra

Saudações do Python

Carregue Thonny clicando no ícone Raspberry, escolhendo **Desenvolvimento** e clicando em **Thonny**. Se você estiver usando o emulador Sense HAT e ele for coberto pela janela Thonny, clique e segure o botão do mouse na barra de título de qualquer janela — na parte superior, em azul — e arraste-o para movê-lo pela área de trabalho até poder ver ambas as janelas.

Para usar o Sense HAT, ou emulador Sense HAT, em um programa Python, você precisa importar a biblioteca Sense HAT. Digite o seguinte na área de script, lembrando de usar **sense_emu** (no lugar de **sense_hat**) se estiver usando o emulador Sense HAT:

```python
from sense_hat import SenseHat
sense = SenseHat()
```

A biblioteca Sense HAT possui uma função simples para pegar uma mensagem, formatá-la para que possa ser exibida no display LED e rolar suavemente. Digite o seguinte:

```python
sense.show_message("Olá, Mundo!")
```

Salve seu programa como **Olá, Sense HAT.py** e clique no botão **Executar**. Você verá sua mensagem rolar lentamente pela matriz de LED do Sense HAT, iluminando os pixels do LED para formar cada letra por vez (**Figura 7-8**). Parabéns: seu programa é um sucesso!

Figura 7-8 Rolando uma mensagem pela matriz de LED

A função **show_message()** tem mais truques na manga do que isso. Volte para o seu programa e edite a última linha para que fique escrito:

```
sense.show_message("Olá, Mundo!", text_colour=(255, 255, 0),
                   back_colour=(0, 0, 255), scroll_speed=(0.05))
```

Essas instruções extras, separadas por vírgulas, são conhecidas como *parâmetros*, e controlam vários aspectos da função **show_message()**. O mais simples é **scroll_speed=()**, que altera a rapidez com que a mensagem rola pela tela. Um valor de 0,05 aqui rola aproximadamente o dobro da velocidade normal. Quanto maior o número, menor a velocidade.

Os parâmetros **text_colour=()** e **back_colour=()** — escritos no inglês britânico, ao contrário da maioria das instruções Python — definem a cor da escrita e do fundo, respectivamente. Porém, eles não aceitam nomes de cores; você tem que definir a cor desejada usando um trio de números. O primeiro número representa a quantidade de vermelho na cor, de 0 para nenhum vermelho até 255 para o máximo de vermelho possível; o segundo número é a quantidade de verde na cor; e o terceiro número, a quantidade de azul. Juntos, eles são conhecidos como *RGB* — para vermelho, verde e azul.

Clique no ícone **Executar** e observe o Sense HAT: desta vez, a mensagem rolará consideravelmente mais rápido e será exibida em amarelo brilhante sobre fundo azul (**Figura 7-9**). Tente alterar os parâmetros para encontrar uma combinação de velocidade e cor que funcione para você.

Se quiser usar nomes amigáveis em vez de valores RGB para definir suas cores, você precisará criar variáveis. Acima da linha **sense.show_message()**, adicione o seguinte:

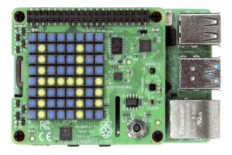

Figura 7-9 Alterando a cor da mensagem e do plano de fundo

```
yellow = (255, 255, 0)
blue = (0, 0, 255)
```

Volte para sua linha **sense.show_message()** e edite-a para que fique assim:

```
sense.show_message("Olá, Mundo!", text_colour=(yellow),
                    back_colour=(blue), scroll_speed=(0.05))
```

Clique no ícone **Executar** novamente e você verá que nada mudou: sua mensagem ainda está em amarelo sobre fundo azul. Desta vez, porém, você usou os nomes das variáveis para tornar seu código mais legível. Em vez de uma sequência de números, o código explica a cor que está sendo definida. Você pode definir quantas cores quiser: tente adicionar uma variável chamada **red** com os valores 255, 0 e 0; uma variável chamada **white** com os valores 255, 255, 255; e uma variável chamada **black** com os valores 0, 0 e 0.

Além de poder rolar mensagens completas, você pode exibir letras individuais. Exclua sua linha **sense.show_message()** completamente e digite o seguinte em seu lugar:

```
sense.show_letter("A")
```

Clique em **Executar** e você verá a letra "A" aparecer no display do Sense HAT. Desta vez, ele permanecerá lá: letras individuais, ao contrário das mensagens, não rolam automaticamente. Você também pode controlar **sense.show_letter()** com os mesmos parâmetros de cor de **sense.show_message()**: tente mudar a cor da letra para vermelho (**Figura 7-10**).

Figura 7-10 Exibindo uma única letra

DESAFIO: REPITA A MENSAGEM

Você pode usar seu conhecimento sobre loops para fazer uma mensagem de rolagem se repetir? Você consegue criar um programa que soletre uma palavra letra por letra, usando cores diferentes? Quão rápido você consegue fazer uma mensagem rolar?

Próximos passos: Desenhar com luz

O display LED do Sense HAT não serve apenas para mensagens: você também pode exibir imagens. Cada LED pode ser tratado como um único pixel — abreviação de *elemento de imagem* — em uma imagem de sua escolha. Isso permite que você aprimore seus programas com imagens e até animações.

Para criar desenhos, você precisa poder alterar LEDs individuais. Para fazer isso, você precisará entender como a matriz de LED do Sense HAT está disposta. Então você poderá escrever um programa que ligue ou desligue os LEDs corretos.

Existem oito LEDs em cada linha do display e oito em cada coluna (**Figura 7-11**). Ao contar os LEDs, porém, você deve começar em 0 e terminar em 7, como faz a maioria das linguagens de programação. O primeiro LED está no canto superior esquerdo, o último está no canto inferior direito. Usando os números das linhas e colunas, você pode encontrar as *coordenadas* de qualquer LED na matriz. O LED azul na matriz ilustrada está nas coordenadas 0, 1; o LED vermelho está nas coordenadas 7, 4. A coordenada do eixo X vem primeiro e aumenta na matriz, seguida pelo eixo Y, que aumenta para baixo na matriz.

Ao planejar imagens para desenhar no Sense HAT, pode ser útil desenhá-las primeiro à mão, em papel quadriculado.

Figura 7-11 Sistema de coordenadas de matriz de LED

Imagens no Scratch

Inicie um novo projeto no Scratch, salvando o projeto existente se quiser mantê-lo. Se você estiver trabalhando nos projetos deste capítulo, o Scratch 3 manterá a extensão Raspberry Pi Sense HAT carregada; se você fechou e reabriu o Scratch 3 desde seu último projeto, carregue a extensão usando o botão **Adicionar uma Extensão**. Arraste um bloco `quando ⚑ for clicado` **Eventos** para a área de código e, em seguida, arraste os blocos `set background` e `set colour` abaixo dele. Edite ambos para definir a cor de fundo como preto e a cor como branco. Deixe preto deslizando os controles deslizantes **Brilho** e **Saturação** para 0; torne o branco deslizando **Brilho** para 100 e **Saturação** para 0. Você precisará fazer isso no início de cada programa Sense HAT, caso contrário, o Scratch simplesmente usará as últimas cores que você escolheu — mesmo que você as tenha escolhido em um programa diferente. Finalmente, arraste um bloco `display raspberry` para a parte inferior do seu programa.

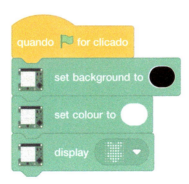

Clique na bandeira verde: você verá os LEDs do Sense HAT acenderem em formato de framboesa (**Figura 7-12**).

Figura 7-12 Exibindo a forma de framboesa com Scratch

Você também não está limitado à forma de framboesa predefinido. Clique na seta para baixo ao lado da imagem da framboesa para ativar o modo de desenho. Você pode clicar em qualquer LED do padrão individualmente para ligá-lo ou desligá-lo, enquanto os dois botões na parte inferior ativam ou apagam todos os LEDs. Tente desenhar seu próprio padrão agora e clique na seta verde para vê-lo no Sense HAT. Tente também alterar a cor e a cor de fundo usando os blocos acima.

Quando terminar, arraste os três blocos para a paleta de blocos para excluí-los e coloque um bloco `set clear display` em `quando  for clicado`; clique na bandeira verde e todos os LEDs se apagarão.

Para fazer uma imagem, você precisa ser capaz de controlar pixels individuais e atribuir-lhes cores diferentes. Você pode fazer isso encadeando blocos `display raspberry` editados com blocos `set colour` ou pode endereçar cada pixel individualmente. Tente criar sua própria versão do exemplo da matriz de LED retratado no início desta seção. Dois LEDs especificamente selecionados acendem em vermelho e azul. Deixe o bloco `clear display` no topo do seu programa e arraste um bloco `set background` abaixo dele. Mude o bloco `set background` para preto e arraste dois blocos `set pixel x 0 y 0` abaixo dele. Finalmente, edite esses blocos conforme mostrado.

Clique na bandeira verde e você verá seus LEDs acenderem para corresponder à imagem (**Figura 7-13**). Parabéns: você pode controlar LEDs individuais!

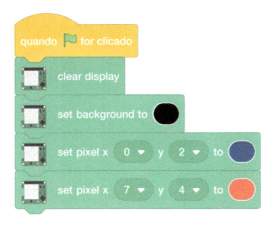

Edite o conjunto de blocos de pixels existentes da seguinte maneira e arraste mais para a parte inferior até criar o programa a seguir.

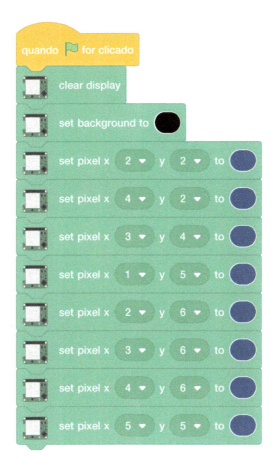

Antes de clicar na bandeira verde, veja se você consegue adivinhar qual imagem aparecerá com base nas coordenadas da matriz de LED que você usou. Agora execute seu programa e veja se você está certo!

Imagens no Python

Inicie um novo programa em Thonny e salve-o como Sense HAT Drawing, depois digite o seguinte — lembrando de usar **sense_emu** (no lugar de **sense_hat**) se estiver usando o emulador:

```
from sense_hat import SenseHat
sense = SenseHat()
```

Lembre-se de que você precisa dessas duas linhas em seu programa para usar o Sense HAT. A seguir, digite:

```
sense.clear(255, 255, 255)
```

Sem olhar diretamente para os LEDs do Sense HAT, clique no ícone **Executar**: você deverá ver todos eles ficando brancos brilhantes (**Figura 7-13**) — e é por isso que não deve olhar diretamente para eles quando executar seu programa!

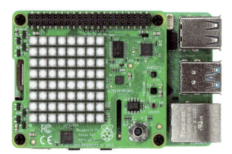

Figura 7-13   Ligando todos os LEDs

O comando **sense.clear()** foi projetado para limpar os LEDs de qualquer programação anterior, mas aceita parâmetros de cores RGB — o que significa que você pode alterar a exibição para qualquer cor que desejar. Tente editar a linha para:

```
sense.clear(0, 255, 0)
```

Clique em **Executar** e o Sense HAT ficará verde brilhante (**Figura 7-14**). Experimente cores diferentes ou adicione as variáveis de nome de cor que você criou quando escreveu seu programa Hello World para facilitar a leitura.

Figura 7-14   A matriz de LED acendeu em verde brilhante

Para limpar os LEDs, você precisa usar os valores RGB para preto: 0 vermelho, 0 azul e 0 verde. Porém, existe uma maneira mais fácil. Edite a linha do seu programa desta forma:

```
sense.clear()
```

O Sense HAT ficará escuro. Isso ocorre porque para a função **sense.clear()**, não ter nada entre colchetes equivale a dizer para ela deixar todos os LEDS pretos — ou seja, desligá-los (**Figura 7-15**). Quando você precisar limpar completamente os LEDs dos seus programas, essa é a função que você deve usar.

Para criar sua própria versão da matriz de LED ilustrada anteriormente neste capítulo, com dois LEDs especificamente selecionados acesos em vermelho e azul, adicione as seguintes linhas ao seu programa após **sense.clear()**:

Figura 7-15 Use a função `sense.clear` para desligar todos os LEDs

```
sense.set_pixel(0, 2, (0, 0, 255))
sense.set_pixel(7, 4, (255, 0, 0))
```

Os primeiros dois números são a localização do pixel na matriz, com o eixo X (transversal) seguido pelo eixo Y (para baixo). O segundo conjunto de números, entre colchetes próprios, são os valores RGB da cor do pixel. Clique no botão **Executar** e você verá o efeito: dois LEDs em seu Sense HAT acenderão, conforme mostrado em **Figura 7-11**.

Exclua essas duas linhas e digite o seguinte:

```
sense.set_pixel(2, 2, (0, 0, 255))
sense.set_pixel(4, 2, (0, 0, 255))
sense.set_pixel(3, 4, (100, 0, 0))
sense.set_pixel(1, 5, (255, 0, 0))
sense.set_pixel(2, 6, (255, 0, 0))
sense.set_pixel(3, 6, (255, 0, 0))
sense.set_pixel(4, 6, (255, 0, 0))
sense.set_pixel(5, 5, (255, 0, 0))
```

Antes de clicar em **Executar**, observe as coordenadas e compare-as com a matriz: você consegue adivinhar que imagem essas instruções vão desenhar? Clique em **Executar** para descobrir se você está certo!

Porém, desenhar uma imagem detalhada usando funções **set_pixel()** individuais é algo lento. Para acelerar as coisas, você pode alterar vários pixels ao mesmo tempo. Exclua todas as suas linhas **set_pixel()** e digite o seguinte:

```
g = (0, 255, 0)
b = (0, 0, 0)
```

```
creeper_pixels = [
    g, g, g, g, g, g, g, g,
    g, g, g, g, g, g, g, g,
    g, b, b, g, g, b, b, g,
    g, b, b, g, g, b, b, g,
    g, g, g, b, b, g, g, g,
    g, g, b, b, b, b, g, g,
    g, g, b, b, b, b, g, g,
    g, g, b, g, g, b, g, g
]
sense.set_pixels(creeper_pixels)
```

Há muita coisa lá, mas comece clicando em **Executar** para ver se você reconhece uma certa trepadeira. As duas primeiras linhas criam duas variáveis para armazenar cores: verde e preto. Para facilitar a escrita e a leitura do código do desenho, as variáveis são letras únicas: "**g**" para verde e "**b**" para preto.

O próximo bloco de código cria uma variável que contém valores de cores para todos os 64 pixels na matriz de LED, separados por vírgulas e colocados entre colchetes. Em vez de números, porém, ele usa as variáveis de cor que você criou anteriormente: observe atentamente, lembrando que "**g**" é para verde e "**b**" é para preto, e você já pode ver a imagem que aparecerá (**Figura 7-16**).

Finalmente, **sense.set_pixels(creeper_pixels)** pega essa variável e usa a função **sense.set_pixels()** para desenhar a matriz inteira de uma vez. Muito mais fácil do que tentar desenhar pixel por pixel!

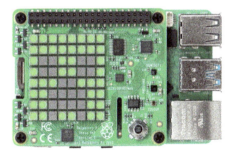

Figura 7-16   Exibindo uma imagem na matriz

Você também pode girar e inverter imagens, seja como uma forma de mostrar as imagens da maneira correta quando seu Sense HAT é virado, ou como uma forma de criar animações simples usando uma única imagem assimétrica.

Comece editando sua variável **creeper_pixels** para fechar o olho esquerdo, substituindo os quatro pixels "**b**", começando pelos dois primeiros na terceira linha e depois os dois primeiros na quarta linha, por "**g**" :

```
creeper_pixels = [
    g, g, g, g, g, g, g, g,
    g, g, g, g, g, g, g, g,
    g, g, g, g, g, b, b, g,
    g, g, g, g, g, b, b, g,
    g, g, g, b, b, g, g, g,
    g, g, b, b, b, b, g, g,
    g, g, b, b, b, b, g, g,
    g, g, b, g, g, b, g, g
]
```

Clique em **Executar** e você verá o olho esquerdo da trepadeira fechar (**Figura 7-17**). Para fazer uma animação, vá até o topo do seu programa e adicione a linha:

```
from time import sleep
```

Então vá até o final e digite:

```
while True:
    sleep(1)
    sense.flip_h()
```

Clique em **Executar** e observe a trepadeira piscar os olhos, um de cada vez!

Figura 7-17   Mostrando uma animação simples de dois quadros

A função **flip_h()** inverte uma imagem no eixo horizontal. Se você quiser inverter uma imagem em seu eixo vertical, substitua **sense.flip_h()** por **sense.flip_v()**. Você também pode girar uma imagem em 0, 90, 180 ou 270 graus usando `sense.set_rotation(90)`, alterando o número de acordo com quantos graus você deseja girar a imagem. Tente usar isso para fazer a trepadeira girar em vez de piscar!

DESAFIO: NOVOS PROJETOS

Você pode criar mais fotos e animações? Tente pegar um papel milimetrado e usá-lo para planejar sua imagem à mão, para facilitar a escrita da variável. Você pode fazer um desenho e fazer as cores mudarem? Lembre-se: você pode alterar as variáveis depois de já tê-las usado uma vez.

Sentindo o mundo ao seu redor

O verdadeiro poder do Sense HAT está nos seus sensores. Eles permitem que você faça leituras de tudo, desde temperatura até aceleração, e use as informações fornecidas em seus programas.

EMULANDO OS SENSORES

Se estiver usando o emulador Sense HAT, você precisará ativar a simulação de sensor inercial e ambiental: no emulador, clique em **Edit**, depois em **Preferences** e marque-os, se não estiverem já marcado. No mesmo menu, escolha **180°..360°|0°..180°** em **Orientation Scale** para garantir que os números no emulador correspondam aos números relatados pelo Scratch e Python e clique no botão Fechar.

Detecção ambiental

O sensor de pressão barométrica, o sensor de umidade e o sensor de temperatura são todos sensores ambientais; eles fazem medições do ambiente ao redor do Sense HAT.

Detecção ambiental in Scratch

Inicie um novo programa no Scratch, salvando o antigo se desejar, e adicione a extensão **Raspberry Pi Sense HAT** se ainda não estiver carregada. Arraste um bloco `quando ⚑ for clicado` **Eventos** para sua área de código, depois um bloco `clear display` abaixo e um bloco `set background to black` abaixo dele. Em seguida, adicione um bloco `set colour to white` — use os controles deslizantes **Brilho** e **Saturação** para escolher a cor correta. É sempre uma boa ideia fazer isso no início de seus programas, pois isso garantirá que o Sense HAT não mostre nada que sobrou de um programa antigo, ao mesmo tempo que garante quais cores você está usando. Arraste um bloco **diga Olá! por 2 segundos** **Aparência** diretamente abaixo dos blocos existentes. Para fazer uma leitura do sensor de pressão, encontre o bloco **pressure** na categoria **Raspberry Pi Sense HAT** e arraste-o sobre a palavra "**Olá!**" no seu bloco **diga Olá! por 2 segundos**.

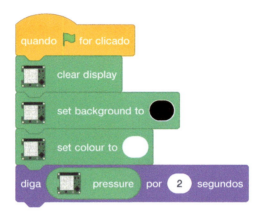

Clique na bandeira verde e o gato Scratch informará a leitura atual do sensor de pressão em *milibares*. Após dois segundos, a mensagem desaparecerá. Experimente soprar no Sense HAT (ou mover o slide **Pressure** para cima no emulador) e clicar na bandeira verde para executar o programa novamente; você deverá ver uma leitura mais alta desta vez (**Figura 7-18**).

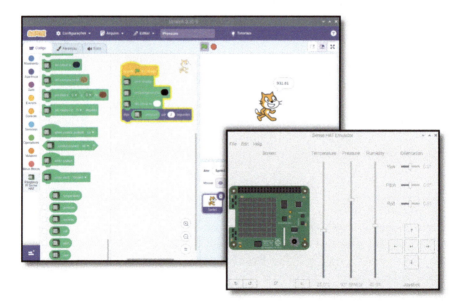

Figura 7-18 Mostrando a leitura do sensor de pressão

Para mudar para o sensor de umidade, exclua o bloco ⬤pressure⬤ e substitua-o por ⬤humidity⬤. Execute seu programa novamente e você verá a umidade relativa atual do seu ambiente. Novamente, você pode tentar executar o programa enquanto sopra o Sense HAT (ou move o controle deslizante **Humidity** do emulador para cima) para alterar a leitura (**Figura 7-19**) — sua respiração está surpreendentemente úmida!

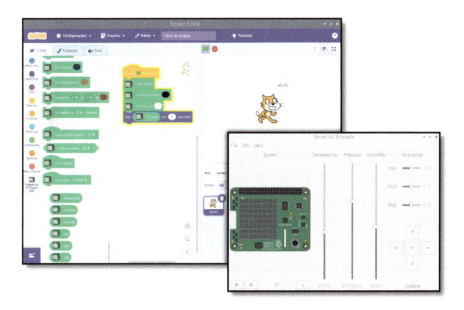

Figura 7-19   Exibindo a leitura do sensor de umidade

Usar o sensor de temperatura é tão fácil quanto excluir o bloco ⬤humidity⬤ e substituí-lo por ⬤temperature⬤ e, em seguida, executar seu programa novamente. Você verá uma temperatura em graus Celsius (**Figura 7-20**). No entanto, esta pode não ser a temperatura exata da sua sala: o Raspberry Pi gera calor o tempo todo em funcionamento, e isso também aquece o Sense HAT e seus sensores.

DESAFIO: ROLAR E LOOP

Você pode alterar seu programa para fazer uma leitura de cada um dos sensores e, em seguida, role-os pela matriz de LED em vez de imprimi-los na área do palco? Você consegue fazer seu programa circular, de modo que ele imprima constantemente as condições ambientais atuais?

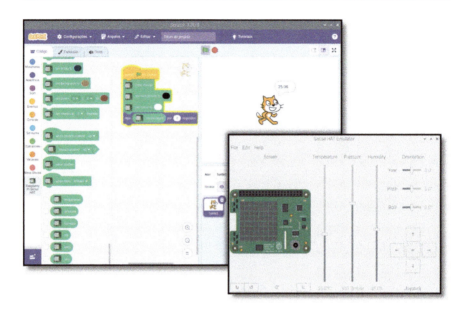

Figura 7-20 Exibindo a leitura do sensor de temperatura

Detecção ambiental no Python

Para começar a fazer leituras dos sensores, crie um novo programa no Thonny e salve-o como **Sense HAT Sensors.py**. Digite o seguinte na área de script — você terá que fazer isso toda vez que usar o Sense HAT — e lembre-se de usar **sense_emu** se estiver usando o emulador:

```python
from sense_hat import SenseHat
sense = SenseHat()
sense.clear()
```

É sempre uma boa ideia incluir **sense.clear()** no início de seus programas, caso o display do Sense HAT ainda esteja mostrando algo do último programa executado.

Para fazer uma leitura do sensor de pressão, digite:

```
pressure = sense.get_pressure()
print(pressure)
```

Clique em **Executar** e você verá um número impresso no shell do Python na parte inferior da janela do Thonny. Esta é a leitura da pressão atmosférica detectada pelo sensor de pressão barométrica, em *milibares* (**Figura 7-21**).

Tente soprar no Sense HAT (ou mover o controle deslizante **Pressure** para cima no emulador) enquanto clica no ícone **Executar** novamente; o número deve ser maior desta vez.

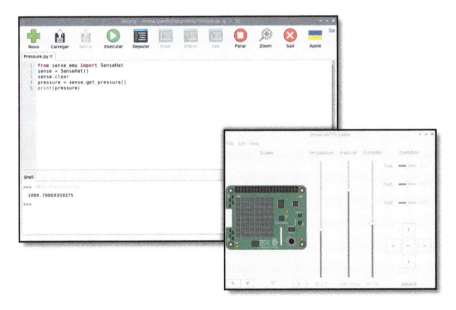

Figura 7-21 Imprimindo uma leitura de pressão do Sense HAT

Para mudar para o sensor de umidade, remova as duas últimas linhas do código e substitua-as por:

```
humidity = sense.get_humidity()
print(humidity)
```

Clique em **Executar** e você verá outro número impresso no shell Python: desta vez, é a umidade relativa atual da sua sala como uma porcentagem. Novamente, você pode soprar no Sense HAT (ou mover o controle deslizante **Humidity** do emulador para cima) e você o verá subir quando executar seu programa novamente (**Figura 7-22**) — sua respiração está surpreendentemente úmida!

Figura 7-22   Exibindo a leitura do sensor de temperatura

Para o sensor de temperatura, remova as duas últimas linhas do seu programa e substitua-as por:

```
temp = sense.get_temperature()
print(temp)
```

Clique em **Executar** novamente e você verá a temperatura em graus Celsius (**Figura 7-23**). No entanto, esta pode não ser a temperatura exata da sua sala: o Raspberry Pi gera calor o tempo todo em funcionamento, e isso também aquece o Sense HAT e seus sensores.

Normalmente, o Sense HAT informa a temperatura com base na leitura do sensor de temperatura embutido no sensor de umidade. Se você quiser usar a leitura do sensor de pressão, você deve usar `sense.get_temperature_from_pressure()`.

Também é possível combinar as duas leituras para obter uma média, o que pode ser mais preciso do que usar qualquer um dos sensores sozinho. Para fazer isso, exclua as duas últimas linhas do seu programa e digite:

Figura 7-23 Mostrando a leitura da temperatura atual

```
htemp = sense.get_temperature()
ptemp = sense.get_temperature_from_pressure()
temp = (htemp + ptemp) / 2
print(temp)
```

Clique no ícone **Executar** e você verá um número impresso no console Python (**Figura 7-24**). Desta vez, é baseado nas leituras de ambos os sensores, que você somou e dividiu por dois — o número de leituras — para obter uma média de ambos. Se você estiver usando o emulador, todos os três métodos — umidade, pressão e média — mostrarão aproximadamente o mesmo número.

DESAFIO: ROLAR E LOOP

Você pode alterar seu programa para fazer uma leitura de cada um dos sensores e, em seguida, rolá-los pela matriz de LED em vez de imprimi-los no shell? Você consegue fazer seu programa circular, de modo que ele imprima constantemente as condições ambientais atuais?

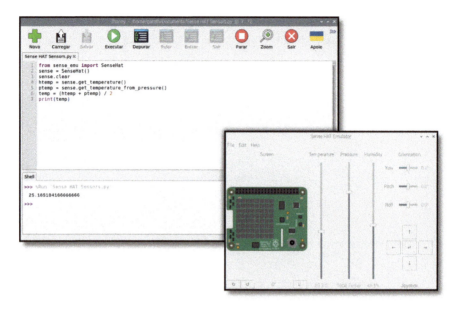

Figura 7-24 Uma temperatura baseada nas leituras de ambos os sensores

Detecção inercial

O sensor giroscópico, o acelerômetro e o magnetômetro se combinam para formar o que é conhecido como *unidade de medição inercial (IMU)*. Embora, tecnicamente falando, esses sensores façam medições do ambiente circundante, assim como os sensores ambientais — o magnetômetro, por exemplo, mede a intensidade do campo magnético — eles geralmente são usados para dados sobre o movimento do próprio Sense HAT. A IMU é a soma de vários sensores. Algumas linguagens de programação permitem fazer leituras de cada sensor de forma independente, enquanto outras fornecem apenas uma leitura combinada.

Antes de entender a IMU, você precisa entender como as coisas se movem. O Sense HAT e o Raspberry Pi ao qual está conectado podem se mover ao longo de três eixos espaciais: lado a lado no eixo X; para frente e para trás no eixo Y; e para cima e para baixo no eixo Z (**Figura 7-25**). Ele também pode girar ao longo desses três mesmos eixos, mas seus nomes mudam: girar no eixo X é chamado *rolar*, girar no eixo Y é chamado *inclinar* e girar no eixo Z eixo é chamado *guinada*. Ao girar o Sense HAT ao longo de seu eixo curto, você ajusta sua afinação; gire ao longo de seu eixo longo e isso é rolar. Gire-o enquanto o mantém plano sobre a mesa e você ajustará sua guinada. Pense neles como um avião: quando está decolando, aumenta sua inclinação para subir. Quando ele está fazendo uma jogada de vitória, está literalmente girando ao longo de seu eixo de rolagem; quando usa o leme para virar como um carro faria, sem rolar, isso é guinada.

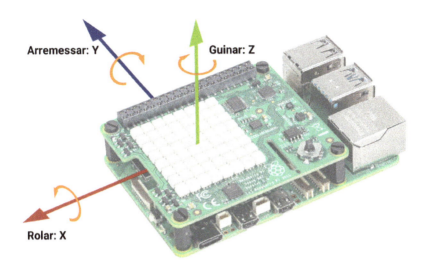

Figura 7-25 Os eixos espaciais da IMU do Sense HAT

Detecção inercial no Scratch

Inicie um novo programa no Scratch e carregue a extensão **Raspberry Pi Sense HAT**, se ainda não estiver carregada. Inicie seu programa da mesma maneira que antes: arraste um bloco `quando ⚑ for clicado` **Eventos** para sua área de código e, em seguida, arraste um bloco `clear display` abaixo dele, arrastando e editando um `set background to black` e um bloco `set colour to white`. Em seguida, arraste um bloco `sempre` para a parte inferior dos blocos existentes e preencha-o com um bloco `diga Olá!`. Para mostrar uma leitura para cada um dos três eixos da IMU — inclinação, rotação e guinada — você precisará adicionar blocos `junte` **Operadores** mais os blocos **Raspberry Pi Sense HAT** correspondentes. Lembre-se de incluir espaços e vírgulas, para que o resultado seja fácil de ler.

Clique na bandeira verde para executar seu programa e tente mover o Sense HAT e o Raspberry Pi — tomando cuidado para não deslocar nenhum cabo! Ao inclinar o Sense HAT em seus três eixos, você verá os valores de inclinação, rotação e guinada mudarem de acordo (**Figura 7-26**).

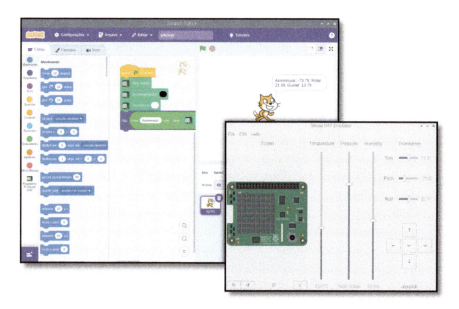

Figura 7-26 Exibindo os valores de inclinação, rotação e guinada

Detecção inercial no Python

Inicie um novo programa no Thonny e salve-o como **Sense HAT Movement.py**. Preencha as linhas iniciais habituais, lembrando de usar `sense_emu` se estiver usando o emulador Sense HAT:

```python
from sense_hat import SenseHat
sense = SenseHat()
sense.clear()
```

Para usar as informações da IMU para calcular a orientação atual do Sense HAT em seus três eixos, digite o seguinte:

```python
orientation = sense.get_orientation()
pitch = orientation["pitch"]
roll = orientation["roll"]
yaw = orientation["yaw"]
print("arremessar {0} rolar {1} guinar {2}".format(pitch, roll, yaw))
```

Clique em **Executar** e você verá as leituras da orientação do Sense HAT divididas nos três eixos (**Figura 7-27**). Tente girar o Sense HAT e clicar em **Executar** novamente. Você deverá ver os números mudarem para refletir sua nova orientação.

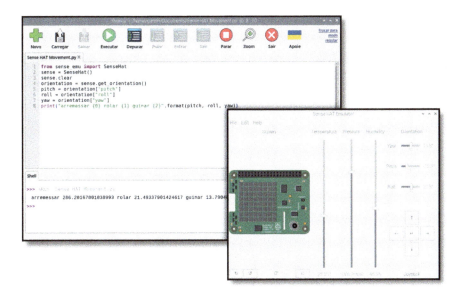

Figura 7-27 Mostrando os valores de inclinação, rotação e guinada do Sense HAT

A IMU pode fazer mais do que medir a orientação: também pode detectar movimento. Para obter leituras precisas de movimento, a IMU precisa ser lida frequentemente em loop. Fazer uma única leitura não fornecerá nenhuma informação útil quando se trata de detectar movimento. Exclua tudo após `sense.clear()` e digite o seguinte código:

```
while True:
    acceleration = sense.get_accelerometer_raw()
    x = acceleration["x"]
    y = acceleration["y"]
    z = acceleration["z"]
```

Agora você tem variáveis contendo as leituras atuais do acelerômetro para os três eixos espaciais: X, ou esquerda e direita; Y, ou para frente e para trás; e Z, ou para cima ou para baixo. Os números do sensor do acelerômetro podem ser difíceis de ler, então digite o seguinte para torná-los mais fáceis de entender, arredondando-os para o número inteiro mais próximo:

```
    x = round(x)
    y = round(y)
    z = round(z)
```

Por fim, imprima os três valores digitando a seguinte linha:

```python
print("x={0}, y={1}, z={2}".format(x, y, z))
```

Clique em **Executar** e você verá os valores do acelerômetro impressos na área do shell do Python (**Figura 7-28**). Ao contrário dos valores do seu programa anterior, estes serão impressos continuamente. Para interromper a impressão, clique no botão vermelho **Parar** para interromper o programa.

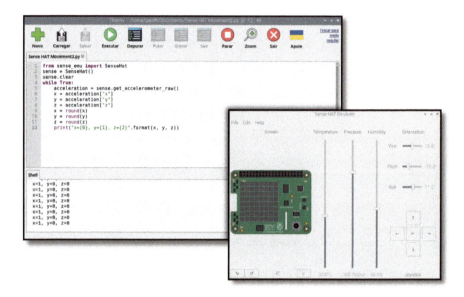

Figura 7-28 Leituras do acelerômetro arredondadas para o número inteiro mais próximo

Você deve ter notado que o acelerômetro está informando que um dos eixos — o eixo Z, se o seu Raspberry Pi estiver plano sobre a mesa — tem um valor de aceleração de 1,0 gravidades (1G), mas o Sense O CHAPÉU não está se movendo. Isso porque está detectando a atração gravitacional da Terra. A gravidade é a força que puxa o Sense HAT para baixo em direção ao centro da Terra, e a razão pela qual, se você derrubá-lo da mesa, ele cairá no chão.

Com o programa em execução, tente pegar cuidadosamente o Sense HAT e o Raspberry Pi e girá-los — mas certifique-se de não desalojar nenhum dos cabos! Com a rede do Raspberry Pi e as portas USB apontando para o chão, você verá os valores mudarem para que o eixo Z indique 0G e o eixo X agora indique 1G. Gire-o novamente para que as portas HDMI e de alimentação apontem para o chão e agora você verá que é o eixo Y que indica 1G. Se você fizer o oposto e orientar o Raspberry Pi de forma que a porta HDMI aponte para o teto, você verá -1G no eixo Y.

Usando o conhecimento de que a gravidade da Terra é de aproximadamente 1G, juntamente com a sua compreensão dos eixos espaciais, você pode usar as leituras do acelerômetro para descobrir qual direção está para baixo — e, da mesma forma, qual direção está para cima. Você também pode usá-lo para detectar movimento: tente agitar cuidadosamente o Sense HAT e o Raspberry Pi e observe os números enquanto faz isso. Quanto mais você agitar, maior será a aceleração.

Ao usar **sense.get_accelerometer_raw()**, você está dizendo ao Sense HAT para desligar os outros dois sensores na IMU — o sensor giroscópico e o magnetômetro — e retornar dados puramente do acelerômetro. Você também pode fazer a mesma coisa com os outros sensores.

Encontre a linha **acceleration = sense.get_accelerometer_raw()** e altere-a para:

```
orientation = sense.get_gyroscope_raw()
```

Altere a palavra **acceleration** em todas as três linhas seguintes para **orientation**. Clique em **Executar** e você verá a orientação do Sense HAT para todos os três eixos, arredondado para o número inteiro mais próximo. Ao contrário da última vez que você verificou a orientação, porém, desta vez os dados vêm apenas do giroscópio, sem usar o acelerômetro ou magnetômetro. Isso pode ser útil se você quiser saber a orientação de um Sense HAT em movimento nas costas de um robô, por exemplo, sem que o movimento confunda as coisas. Também é útil se você estiver usando o Sense HAT próximo a um campo magnético forte.

Pare o seu programa clicando no botão vermelho **Parar**. Para usar o magnetômetro, exclua tudo do seu programa, exceto as primeiras quatro linhas, e digite o seguinte abaixo da linha **while True**:

```
north = sense.get_compass()
print(north)
```

Execute seu programa e você verá a direção do norte magnético impressa repetidamente na área do shell do Python. Gire cuidadosamente o Raspberry Pi e você verá a mudança de direção conforme a orientação do Sense HAT em relação ao norte muda: você construiu uma bússola! Se você tiver um ímã — um ímã de geladeira serve — tente movê-lo ao redor do Sense HAT para ver o que isso faz com as leituras do magnetômetro.

DESAFIO: AUTORROTAÇÃO

Usando o que você aprendeu, você pode escrever um programa que gire uma imagem dependendo da posição do Sense HAT?

Controle por joystick

O joystick do Sense HAT, encontrado no canto inferior direito, pode ser pequeno, mas é surpreendentemente poderoso: além de ser capaz de reconhecer entradas em quatro direções — para cima, para baixo, para a esquerda e para a direita — ele também possui uma quinta entrada, acessado pressionando o joystick e usando-o como um botão de pressão.

ATENÇÃO!

O joystick Sense HAT só deve ser usado se você tiver instalado os espaçadores conforme descrito no início deste capítulo. Sem os espaçadores, empurrar o joystick para baixo pode flexionar a placa Sense HAT e danificar o Sense HAT e o cabeçalho GPIO do Raspberry Pi.

Controle por joystick no Scratch

Inicie um novo programa no Scratch com a extensão **Raspberry Pi Sense HAT** carregada. Como antes, arraste um bloco `when green flag clear display` abaixo dele, seguido de arrastar e editar um bloco `clear display` abaixo dele. Em seguida, adicione um bloco `set background to black` e um bloco `set colour to white`.

No Scratch, o joystick do Sense HAT é mapeado para as teclas do cursor no teclado: empurrar o joystick para cima equivale a pressionar a tecla de seta para cima, e pressioná-lo para baixo é o mesmo que pressionar a tecla de seta para baixo. Empurrá-lo para a esquerda ou para a direita faz o mesmo que as teclas de seta para a esquerda e para a direita. Pressionar o joystick para baixo como um botão é equivalente a pressionar a tecla **ENTER**.

Arraste um bloco `when joystick pushed up` para sua área de código. Então, para ter algo para fazer, arraste um bloco `diga Olá! por 2 segundos` abaixo dele.

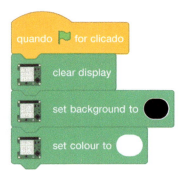

Empurre o joystick para cima e você verá o gato Scratch dizer um alegre "Olá!" O controle por joystick está disponível apenas no Sense HAT físico. Ao usar o emulador Sense HAT, use as teclas correspondentes do teclado para simular o pressionamento do joystick.

Em seguida, altere `diga Olá!` para `diga Joystick para cima!`, e adicione blocos **Eventos** e **Aparência** até ter algo a dizer sobre cada uma das cinco maneiras pelas quais o joystick pode ser pressionado. Experimente empurrar o joystick em várias direções e observe as mensagens aparecerem!

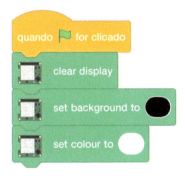

Controle por joystick no Python

Inicie um novo programa no Thonny e salve-o como Sense HAT Joystick. Comece com as três linhas usuais que configuram o Sense HAT e limpam a matriz de LED — lembrando de usar **sense_emu** (no lugar de **sense_hat**) se estiver usando o emulador:

```python
from sense_hat import SenseHat
sense = SenseHat()
sense.clear()
```

A seguir, configure um loop infinito:

```python
while True:
```

Em seguida, diga ao Python para ouvir as entradas do joystick Sense HAT com a seguinte linha, que o Thonny recuará automaticamente para você:

```python
    for event in sense.stick.get_events():
```

Por fim, adicione a seguinte linha — que, novamente, o Thonny recuará para você — para realmente fazer algo quando um pressionamento do joystick for detectado:

```python
        print(event.direction, event.action)
```

Clique em **Executar**, e tente empurrar o joystick em várias direções. Você verá a direção escolhida impressa na área do shell do Python: para cima, para baixo, para a esquerda e para a direita; e no meio, para quando você pressiona o joystick para baixo como se fosse um botão.

Você também verá que recebe dois eventos cada vez que pressiona o joystick uma vez: um evento, **pressed**, para quando você empurra pela primeira vez em uma direção; o outro evento, **released**, para quando o joystick retorna ao centro.

Você pode usar isso em seus programas: pense em um personagem de um jogo, que poderia começar a se mover quando o joystick é pressionado em uma direção e depois parar assim que for liberado.

Você também pode usar o joystick para acionar funções, em vez de ficar limitado a usar um **for** loop. Exclua tudo abaixo **sense.clear()**, e digite o seguinte:

```python
def red():
    sense.clear(255, 0, 0)
```

```
def blue():
    sense.clear(0, 0, 255)

def green():
    sense.clear(0, 255, 0)

def yellow():
    sense.clear(255, 255, 0)
```

Essas funções alteram toda a matriz de LED do Sense HAT para uma única cor: vermelho, azul, verde ou amarelo. Isso tornará extremamente fácil observar se seu programa funciona! Para realmente ativá-los, você precisa informar ao Python qual função combina com qual entrada do joystick. Digite o seguinte:

```
sense.stick.direction_up = red
sense.stick.direction_down = blue
sense.stick.direction_left = green
sense.stick.direction_right = yellow
sense.stick.direction_middle = sense.clear
```

Finalmente, o programa precisa de um loop infinito — conhecido como loop *principal* — para continuar em execução. Isso significa que você terá que ficar atento às entradas do joystick, em vez de apenas executar o código que escreveu uma vez e depois sair. Digite as duas linhas a seguir:

```
while True:
    pass
```

Seu programa concluído deverá ficar assim:

```
from sense_hat import SenseHat
sense = SenseHat()
sense.clear()

def red():
    sense.clear(255, 0, 0)

def blue():
    sense.clear(0, 0, 255)

def green():
    sense.clear(0, 255, 0)

def yellow():
    sense.clear(255, 255, 0)
```

```
sense.stick.direction_up = red
sense.stick.direction_down = blue
sense.stick.direction_left = green
sense.stick.direction_right = yellow
sense.stick.direction_middle = sense.clear

while True:
    pass
```

Clique em **Executar** e tente mover o joystick: você verá os LEDs acenderem em cores gloriosas. Para desligar os LEDs, pressione o joystick como se fosse um botão. A direção `middle` está definida para usar a função `sense.clear()` para desligar todos eles. Parabéns: você pode capturar informações do joystick!

DESAFIO FINAL

Você pode usar o que aprendeu para desenhar uma imagem na tela e depois girá-la na direção em que o joystick for pressionado? Você pode fazer a entrada do meio alternar entre mais de uma imagem?

Projeto Scratch: Sense HAT Sparkler

Agora que você conhece o Sense HAT, é hora de reunir tudo o que aprendeu para construir um diamante sensível ao calor — um dispositivo que fica mais feliz quando está frio e que diminui gradualmente à medida que fica mais quente.

Inicie um novo projeto Scratch e adicione a extensão Raspberry Pi Sense HAT, se ainda não estiver carregada. Como sempre, comece com quatro blocos: comece com (quando 🏳 for clicado) com um bloco (clear display) abaixo. Você precisará de (set background to black) e (set colour to white), lembrando que terá que alterar as cores de suas configurações padrão.

Comece criando um diamante simples, mas artístico. Arraste um bloco (sempre) para a área de código e preencha-o com um bloco (set pixel x 0 y 0 to colour). Em vez de usar números definidos, preencha cada uma das seções x, y e coloridas desse bloco com um bloco (número aleatório entre 1 e 10) **Operadores**.

Os valores de 1 a 10 não são muito úteis aqui, então você precisa fazer algumas edições. Os primeiros dois números no bloco (set pixel) são as coordenadas X e Y do pixel na matriz de LED, o que significa que devem ser numerados entre 0 e 7. Altere os dois primeiros blocos para ler (número aleatório entre 0 e 7).

A próxima seção é a cor com a qual o pixel deve ser definido. Ao usar o seletor de cores, a cor escolhida é mostrada diretamente na área do script; internamente, porém, as cores são representadas por um número e você pode usar o número diretamente. Edite o último bloco **número aleatório entre** para ler número aleatório entre 0 e 16777215 .

Clique na bandeira verde e você verá os LEDs no Sense HAT começarem a acender em cores aleatórias (**Figura 7-29**). Parabéns: você fez um diamante eletrônico!

Figura 7-29   Iluminando os pixels em cores aleatórias

O diamante não é muito interativo. Para mudar isso, comece arrastando um bloco espere 1 seg para que fique abaixo do bloco set pixel , mas dentro do bloco sempre . Arraste um bloco ⬤ / ⬤ **Operadores** sobre 1 e digite 10 em seu segundo espaço. Finalmente, arraste um bloco temperature sobre o primeiro espaço no bloco de divisão **Operadores**.

Clique na bandeira verde e você notará (a menos que esteja em um lugar muito frio) que o diamante está consideravelmente mais lento do que antes. Isso ocorre porque você criou um atraso dependente da temperatura: o programa agora espera *a temperatura atual dividida por 10* número de segundos antes de cada loop. Se a temperatura na sua sala for de 20°C, o programa irá esperar dois segundos antes de iniciar o loop; se a temperatura for 10°C, esperará um segundo; se estiver abaixo de 10°C, esperará menos de um segundo.

Se o seu Sense HAT estiver lendo uma temperatura negativa — abaixo de 0°C, o ponto de congelamento da água — ele tentará esperar menos de 0 segundos. Porque isso é impossível — sem inventar a viagem no tempo, de qualquer maneira — você verá o mesmo efeito como se estivesse esperando 0 segundos.

Parabéns: você aprendeu como integrar os recursos do Sense HAT em seus próprios programas!

Projeto Python: Sense HAT Tricorder

Agora que você conhece o Sense HAT, é hora de reunir tudo o que aprendeu para construir um tricorder — um dispositivo imediatamente familiar aos fãs de uma certa franquia de ficção científica. O tricorder fictício usa diferentes sensores para relatar o que está ao seu redor.

Inicie um novo projeto em Thonny e salve-o como **Tricorder.py**, então comece com as linhas que você precisa usar toda vez que iniciar um programa Sense HAT em Python, lembrando de usar `sense_emu` se estiver usando o Sense Emulador de chapéu:

```
from sense_hat import SenseHat
sense = SenseHat()
sense.clear()
```

Em seguida, você precisa começar a definir funções para cada um dos sensores do Sense HAT. Comece com a unidade de medida inercial digitando:

```python
def orientation():
    orientation = sense.get_orientation()
    pitch = orientation["pitch"]
    roll = orientation["roll"]
    yaw = orientation["yaw"]
```

Como você rolará os resultados do sensor pelos LEDs, faz sentido arredondar os números para não esperar por dezenas de casas decimais. Em vez de números inteiros, arredonde-os para uma casa decimal digitando o seguinte:

```python
    pitch = round(pitch, 1)
    roll = round(roll, 1)
    yaw = round(yaw, 1)
```

Finalmente, você precisa dizer ao Python para rolar os resultados até os LEDs, para que o tricorder funcione como um dispositivo portátil sem precisar estar conectado a um monitor ou TV:

```python
    sense.show_message("Arremessar {0}, Rolar {1}, Guinar {2}".
                        format(pitch, roll, yaw))
```

Agora que você tem uma função completa para ler e exibir a orientação da IMU, é necessário criar funções semelhantes para cada um dos outros sensores. Comece com o sensor de temperatura:

```python
def temperature():
    temp = sense.get_temperature()
    temp = round(temp, 1)
    sense.show_message("Temperatura: %s graus Celsius" % temp)
```

Observe atentamente a linha que imprime o resultado nos LEDs: o **%s** é conhecido como *espaço reservado* e é substituído pelo conteúdo da variável **temp**. Usando isso, você pode formatar bem a saída com um rótulo, "Temperatura:", e uma unidade de medida, "graus Celsius", o que torna seu programa muito mais simples.

A seguir, defina uma função para o sensor de umidade:

```python
def humidity():
    humidity = sense.get_humidity()
    humidity = round(humidity, 1)
    sense.show_message("Umidade : %s por cento" % humidity)
```

Então, o sensor de pressão:

```python
def pressure():
    pressure = sense.get_pressure()
    pressure = round(pressure, 1)
    sense.show_message("Pressão: %s milibares" % pressure)
```

Finalmente, defina uma função para a leitura da bússola do magnetômetro:

```python
def compass():
    for i in range(0, 10):
        north = sense.get_compass()
    north = round(north, 1)
    sense.show_message("Norte: %s graus" % north)
```

O loop curto **for** nesta função faz dez leituras do magnetômetro para garantir que ele tenha dados suficientes para fornecer um resultado preciso. Se você achar que o valor relatado continua mudando, tente estendê-lo para 20, 30 ou até 100 loops para melhorar ainda mais a precisão.

Seu programa agora tem cinco funções, cada uma das quais faz uma leitura de um dos sensores do Sense HAT e as rola pelos LEDs. É preciso escolher qual sensor você deseja usar, e o joystick é perfeito para isso.

Digite o seguinte:

```python
sense.stick.direction_up = orientation
sense.stick.direction_right = temperature
sense.stick.direction_down = compass
sense.stick.direction_left = humidity
sense.stick.direction_middle = pressure
```

Estas linhas atribuem um sensor a cada uma das cinco direções possíveis no joystick. **Up** lê o sensor de orientação; **down** lê no magnetômetro; **left** lê o sensor de umidade; **right** do sensor de temperatura; e pressionando o stick em **middle** lê o sensor de pressão.

Finalmente, você precisa de um loop principal para que o programa continue ouvindo os pressionamentos do joystick e não simplesmente saia imediatamente. Na parte inferior do seu programa, digite o seguinte:

```python
while True:
    pass
```

Seu programa concluído deverá ficar assim:

```python
from sense_hat import SenseHat
sense = SenseHat()
sense.clear()

def orientation():
    orientation = sense.get_orientation()
    pitch = orientation["pitch"]
    roll = orientation["roll"]
    yaw = orientation["yaw"]

    pitch = round(pitch, 1)
    roll = round(roll, 1)
    yaw = round(yaw, 1)

    sense.show_message("Arremessar {0}, Rolar {1}, Guinar {2}".
                       format(pitch, roll, yaw))

def temperature():
    temp = sense.get_temperature()
    temp = round(temp, 1)
    sense.show_message("Temperatura: %s graus Celsius" % temp)

def humidity():
    humidity = sense.get_humidity()
    humidity = round(humidity, 1)
    sense.show_message("Umidade : %s por cento" % humidity)

def pressure():
    pressure = sense.get_pressure()
    pressure = round(pressure, 1)
    sense.show_message("Pressão: %s milibares" % pressure)

def compass():
    for i in range(0, 10):
        north = sense.get_compass()
    north = round(north, 1)
    sense.show_message("Norte: %s graus" % north)

sense.stick.direction_up = orientation
sense.stick.direction_right = temperature
sense.stick.direction_down = compass
sense.stick.direction_left = humidity
sense.stick.direction_middle = pressure

while True:
    pass
```

Clique em **Executar**, e tente mover o joystick para fazer uma leitura de um dos sensores (**Figura 7-30**). Quando terminar de rolar o resultado, pressione uma direção diferente. Parabéns: você construiu um tricorder portátil que deixaria a Federação Unida dos Planetas orgulhosa!

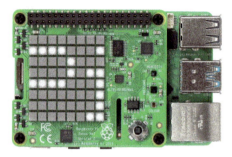

Figura 7-30   Cada leitura rola pela tela

Para mais projetos Sense HAT, incluindo um exemplo de como usar o sensor de cores no Sense HAT V2, siga os links em Apêndice D, *Leitura adicional.*

Capítulo 8

Módulos de câmera do Raspberry Pi

Conectar um módulo de câmera ou câmera HQ ao Raspberry Pi permite tirar fotos de alta resolução e gravar vídeos, além de criar projetos incríveis de visão computacional.

Se você sempre quis construir algo que pudesse ver por si mesmo — conhecido no campo da robótica como *visão computacional* — então o módulo de câmera 3 opcional do Raspberry Pi (**Figura 8-1**), câmera de alta qualidade (câmera HQ), ou Global Shutter Camera são acessórios indispensáveis. Placas de circuito pequenas e quadradas com um cabo de fita fino, os três módulos de câmera se conectam à porta Camera Serial Interface (CSI) em seu Raspberry Pi e fornecem imagens estáticas de alta resolução e sinais de vídeo em movimento, que podem ser usados como estão, ou integrado em seus próprios programas.

> **RASPBERRY PI 400**
>
> Os módulos de câmera Raspberry Pi não são compatíveis com o computador desktop Raspberry Pi 400. Você pode usar webcams USB como alternativa, mas não poderá usar as ferramentas de software mostradas neste capítulo com um Raspberry Pi 400.

Variantes de câmera

Existem vários tipos de Módulo de Câmera Raspberry Pi disponíveis, e o modelo que você precisa dependerá do que você está capturando: o Módulo

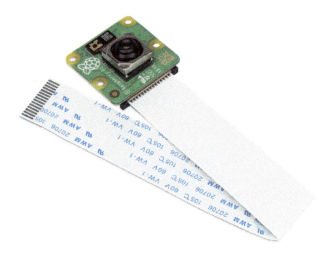

Figura 8-1   Módulo de câmera do Raspberry Pi 3

de Câmera 3 padrão, a versão "NoIR", a Câmera de Alta Qualidade (HQ) e a Câmera Global Shutter. Se quiser tirar fotos e vídeos normais em ambientes bem iluminados, você deve usar o Módulo de Câmera 3 padrão ou o Módulo de Câmera 3 Wide para um campo de visão mais amplo.

Se você deseja trocar lentes e busca a melhor qualidade de imagem, use o Módulo de Câmera HQ. O Módulo de Câmera NoIR 3 — assim chamado porque não possui filtro infravermelho (IR) — foi projetado para uso com fontes de luz infravermelha para tirar fotos e gravar vídeos na escuridão total e também está disponível em uma versão grande angular. Se você estiver construindo um ninho, uma câmera de segurança ou outro projeto que envolva visão noturna, você vai querer a versão NoIR — mas lembre-se de comprar uma fonte de luz infravermelha ao mesmo tempo! Finalmente, a Global Shutter Camera captura a imagem inteira de uma vez, em vez de linha por linha, tornando-a adequada para fotografia de alta velocidade e trabalho de visão computacional.

Módulo de câmera do Raspberry Pi 3

O Raspberry Pi Camera Module 3, nas versões padrão e NoIR, é construído em torno de um sensor de imagem Sony IMX708. Este é um *sensor de 12 megapixels*, o que significa que captura imagens com até 12 milhões de pixels. Isso resulta em um tamanho máximo de imagem de 4.608 pixels de largura por 2.592 pixels de altura. Existem duas opções de lentes para Raspberry Pi Camera Module 3: a lente padrão, que captura um campo de visão de 75 graus de largura; e a lente grande angular, que possui um campo de visão de 120 graus.

Além de fotografias, o Raspberry Pi Camera Module 3 pode capturar imagens de vídeo em resolução Full HD (1080p) a uma taxa de 50 quadros por segundo (50 fps). Para um movimento mais suave, ou mesmo para criar um efeito de câmera lenta, a câmera pode ser configurada para capturar em uma taxa de quadros mais alta diminuindo a resolução: você obtém 100 fps na resolução 720p e 120 fps na resolução 480p (VGA). O módulo tem um último truque na manga em comparação com versões anteriores: ele oferece *foco automático*, o que significa que pode ajustar automaticamente o ponto focal da lente para assuntos próximos ou distantes.

Câmera Raspberry Pi de alta qualidade

A câmera de alta qualidade usa um sensor Sony IMX477 de 12,3 megapixels. Este sensor é maior do que o dos módulos de câmera padrão e NoIR — o que significa que pode captar mais luz, o que resulta em imagens de maior qualidade. Ao contrário dos Módulos de Câmera, porém, a Câmera HQ não inclui uma lente, sem a qual não é possível tirar fotos ou vídeos. Você pode usar qualquer lente com montagem C ou CS e outras montagens de lente com um adaptador de montagem C ou CS apropriado. Uma versão alternativa da câmera de alta qualidade está disponível para uso com lentes de montagem M12.

Câmera Global Shutter Raspberry Pi

A câmera Global Shutter usa um sensor Sony IMX296 de 1,6 megapixels. Embora forneça resolução mais baixa do que o módulo de câmera Raspberry Pi padrão ou a câmera de alta qualidade, sua capacidade de capturar a imagem inteira de uma vez significa que ele é excelente na captura de assuntos em movimento rápido sem a distorção que você pode obter com uma câmera com obturador de rolamento. Assim como a câmera de alta qualidade, ela vem sem lente e suporta as mesmas lentes de montagem C e CS; diferentemente da câmera de alta qualidade, não há versão de montagem M12 no momento em que este artigo foi escrito.

Módulo de câmera do Raspberry Pi 2

O módulo de câmera Raspberry Pi 2 anterior e sua variante NoIR são baseados em um sensor de imagem Sony IMX219. Este é um sensor de 8 megapixels, portanto pode tirar fotos com até 8 milhões de pixels, medindo 3.280 pixels de largura por 2.464 de altura. Junto com imagens estáticas, o módulo da câmera pode capturar vídeo com resolução Full HD (1080p) a 30 quadros por segundo (30 fps) com taxas de quadros mais altas disponíveis em resoluções mais baixas: 60 fps para vídeos em 720p e até 90 fps para 480p (VGA). imagens de vídeo.

Instalando a câmera

Como qualquer complemento de hardware, o módulo de câmera ou câmera HQ só deve ser conectado (ou desconectado) do Raspberry Pi quando ele estiver desligado e o cabo de alimentação estiver desconectado. Se o Raspberry Pi estiver ligado, escolha **Desligar** no menu do Raspberry Pi, espere que ele desligue e desconecte-o da tomada.

Na maioria dos casos, o cabo plano já estará conectado ao módulo da câmera ou à câmera HQ. Caso contrário, vire a placa da câmera de cabeça para baixo para que o sensor fique na parte inferior e procure um conector de plástico plano. Prenda cuidadosamente as unhas nas bordas salientes e puxe para fora até que o conector se solte parcialmente. Deslize o cabo plano, com as bordas prateadas ou douradas para baixo e o plástico voltado para cima, sob a aba que você acabou de puxar e, em seguida, empurre a aba suavemente de volta no lugar com um clique (**Figura 8-2**). Se o cabo estiver instalado corretamente, ele ficará reto e não sairá se você puxar suavemente. Se não estiver encaixado corretamente, puxe a aba e tente novamente.

Instale a outra extremidade do cabo da mesma maneira. Encontre a parte inferior das duas portas de câmera/display, marcadas como "CAM/DISP 0", no Raspberry Pi 5 ou a porta única da câmera no Raspberry Pi 4, Raspberry Pi Zero 2 W e modelos anteriores, e puxe a pequena tampa de plástico para cima. Se o seu Raspberry Pi estiver instalado em um gabinete, talvez seja mais fácil removê-lo primeiro.

Com o Raspberry Pi 5 posicionado de forma que o conector GPIO fique à direita e as portas HDMI à esquerda, deslize o cabo de fita de forma que as bordas prateadas ou douradas fiquem voltadas para você e o plástico fique no lado oposto (**Figura 8-3**). Em seguida, empurre suavemente a aba de volta no lugar.

Para Raspberry Pi 4 e modelos anteriores, o cabo plano deve estar ao contrário, com o plástico fique voltado para você e as bordas prateadas ou douradas fiquem no lado oposto. Se você estiver usando um Raspberry Pi Zero 2 W ou um

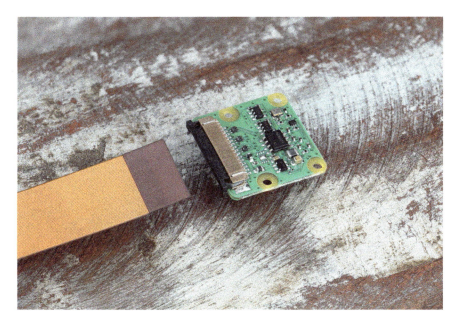

Figura 8-2   Conectando o cabo plano ao módulo da câmera

Raspberry Pi Zero mais antigo, as bordas prateadas ou douradas devem apontar para baixo em direção à mesa e o plástico em direção ao teto. Se o cabo estiver instalado corretamente, ele ficará reto e não sairá se você puxar suavemente. Se não estiver encaixado corretamente, puxe a aba e tente novamente.

O Módulo da Câmera pode vir com um pequeno pedaço de plástico azul cobrindo a lente para protegê-la contra arranhões durante a fabricação, envio e instalação. Encontre a pequena aba de plástico solte e puxe a tampa com cuidado para fora da lente para deixar a câmera pronta para uso.

Conecte a fonte de alimentação de volta ao Raspberry Pi e deixe-a carregar o Raspberry Pi OS.

AJUSTANDO O FOCO

Todas as versões do Raspberry Pi Camera Module 3 incluem um sistema de foco automático motorizado, que pode ajustar o ponto focal da lente entre objetos próximos e distantes. O Raspberry Pi Camera Module 2 usa uma lente que inclui ajuste de foco manual limitado. Ele vem com uma pequena ferramenta para girar a lente e ajustar o foco.

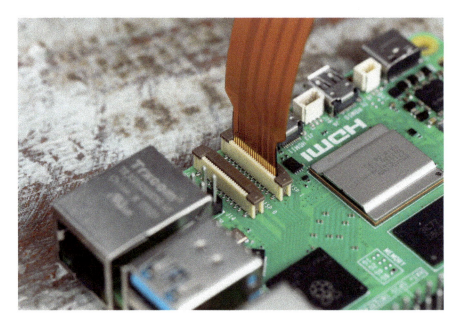

Figura 8-3   Conectando o cabo de fita à porta Camera/CSI no Raspberry Pi

Teste a câmera

Para confirmar se o módulo de câmera ou câmera HQ estão instalados corretamente, use as ferramentas **rpicam**. Eles foram projetados para capturar imagens da câmera usando a *interface de linha de comando (CLI)* do Raspberry Pi.

Ao contrário dos programas que você usou até agora, você não encontrará as ferramentas rpicam no menu. Em vez disso, clique no ícone Raspberry Pi para carregar o menu, escolha a categoria **Acessórios** e clique em **LXTerminal**. Uma janela preta com texto verde e azul aparecerá (**Figura 8-4**): este é o *terminal*, que permite acessar a interface de linha de comando.

Para capturar uma imagem com a câmera, digite o seguinte no terminal: `rpicam-still -o test.jpg`

Assim que você pressionar **ENTER**, você verá uma janela com uma visão do que a câmera vê na tela (**Figura 8-5**). Isso é chamado de *visualização ao vivo* e, a menos que você informe o contrário ao `rpicam-still`, durará cinco segundos. Após esses cinco segundos, a câmera capturará uma única imagem estática e a salvará em sua pasta pessoal com o nome **test.jpg**. Se você quiser capturar outra, digite o mesmo comando novamente — mas certifique-se de alterar o nome do arquivo de saída após `-o`, ou você salvará por cima da sua primeira foto!

Figura 8-4   Abra uma janela do Terminal para inserir comandos

Figura 8-5   A visualização ao vivo da câmera

Se a visualização ao vivo estiver de cabeça para baixo, você precisará informar ao `rpicam-still` que a câmera está girada. O módulo da câmera foi projetado para que o cabo plano saia pela borda inferior. Se estiver saindo pelas laterais ou pela parte superior, como acontece com alguns acessórios de montagem de câmera de terceiros, você pode girar a imagem em 90, 180 ou 270 graus usando a chave `--rotation`. Para uma câmera montada com o cabo saindo pela parte superior, use o seguinte comando:

```
rpicam-still --rotation 180 -o test.jpg
```

Se o cabo plano estiver saindo da borda direita, use um valor de rotação de 90 graus; se estiver saindo da borda esquerda, use 270 graus. Se a captura original estava no ângulo errado, tente outra usando a chave `--rotation` para corrigi-la.

Para ver sua foto, abra a **Gerenciador de Arquivos PCManFM** da **Acessórios** categoria do menu Raspberry Pi: a imagem que você tirou, chamada **test.jpg**, estará em sua pasta **home/<username>**. Encontre-o na lista de arquivos e clique duas vezes na imagem para carregá-la em um visualizador de imagens (**Figura 8-6**). Você também pode anexar a imagem a e-mails, carregá-la em sites por meio do navegador ou arrastá-la para um dispositivo de armazenamento externo.

Figura 8-6   Abrindo a imagem capturada

O Raspberry Pi Camera Module 3 inclui a capacidade de ajustar o ponto focal da imagem usando um sistema de foco automático motorizado. Isso está habilitado por padrão: quando você captura uma foto, o módulo da câmera ajusta automaticamente seu foco para tornar a imagem o mais nítida possível usando o que é conhecido como *foco automático contínuo*.

Como o nome sugere, o foco automático contínuo ajusta constantemente o ponto focal até o momento em que a imagem é capturada. Se você estiver capturando várias fotos ou gravando um vídeo, ele continuará ajustando o foco enquanto você trabalha. Se algo se mover entre a câmera e o objeto, a câmera mudará o foco automaticamente.

Existem outros modos de foco automático que você pode usar se o foco automático contínuo não fornecer os resultados necessários. Você pode ler sobre isso na seção «Configurações avançadas da câmera» a página 213.

Capturando vídeo

Seu módulo de câmera não se restringe apenas a capturar imagens estáticas: ele também pode gravar vídeo usando uma ferramenta chamada **rpicam-vid**.

> **ABRA ESPAÇO, ABRA ESPAÇO** ?
>
> A gravação de vídeo pode ocupar muito espaço de armazenamento. Se você planeja gravar muitos vídeos, certifique-se de ter um cartão microSD grande. Você também pode investir em uma unidade flash USB ou outro armazenamento externo.
>
> Por padrão, as ferramentas rpicam salvarão os arquivos em qualquer pasta de onde foram iniciados. Portanto, certifique-se de alterar os diretórios para salvar no dispositivo de armazenamento escolhido. Você pode ler sobre como alterar diretórios no terminal em Apêndice C, *A interface de linha de comando*.

Para gravar um pequeno vídeo, digite o seguinte no terminal:

```
rpicam-vid -t 10000 -o test.h264
```

Como antes, você verá a janela de visualização aparecer. Desta vez, porém, em vez de fazer uma contagem regressiva e capturar uma única imagem estática, a câmera gravará dez segundos de vídeo em um arquivo. Quando a gravação terminar, a janela de visualização será fechada automaticamente.

Se você quiser capturar um vídeo mais longo, altere o número após **-t** para a duração da gravação em milissegundos. Por exemplo, para fazer uma gravação de dez minutos você digitaria:

```
rpicam-vid -t 600000 -o test2.h264
```

Para reproduzir seu vídeo, encontre-o no gerenciador de arquivos e clique duas vezes no arquivo de vídeo para carregá-lo no reprodutor de vídeo VLC

(**Figura 8-7**). Seu vídeo será aberto e começará a ser reproduzido, mas você poderá perceber que a reprodução não é suave. Existe uma solução para isso: adicionar informações de tempo à sua gravação.

O vídeo capturado pelo `rpicam-vid` vem em um formato chamado *bitstream*. A forma como um bitstream funciona é um pouco diferente dos arquivos de vídeo com os quais você está acostumado. Geralmente, os arquivos contêm diversas partes: o vídeo, qualquer áudio capturado junto com o vídeo, informações de timecode sobre quando cada quadro deve ser exibido e informações adicionais conhecidas como *metadata*. Um fluxo de bits é diferente. Não tem nada disso: são apenas dados de vídeo puros.

Figura 8-7 Abrindo o vídeo capturado

Para garantir que seus arquivos de vídeo sejam reproduzidos em tantas plataformas de software quanto possível, incluindo software executado em computadores que não sejam Raspberry Pi, você precisará processá-los em um *contêiner*. Para Raspberry Pi 5, especifique um arquivo com a extensão **mp4**:

```
rpicam-vid -t 600000 -o test2.mp4
```

Para modelos anteriores, você precisará de algumas informações que faltam: *o tempo do quadro*. No terminal, grave um novo vídeo — mas desta vez diga ao **rpicam-vid** para gravar informações de tempo em um arquivo chamado **timestamps.txt**:

```
rpicam-vid -t 10000 --save-pts timestamps.txt -o test-time.h264
```

Ao abrir a pasta de vídeo no gerenciador de arquivos, você verá dois arquivos: o fluxo de bits do vídeo, **test-time.h264** e o arquivo **timestamps.txt** (**Figura 8-8**).

Figura 8-8   Um arquivo de vídeo com um arquivo de carimbo de data/hora separado

Para combinar esses dois arquivos em um único contêiner adequado para reprodução em outros dispositivos, use a ferramenta **mkvmerge**. Isso pega o vídeo, mescla-o com os carimbos de data e hora e gera um arquivo contêiner de vídeo conhecido como *arquivo de vídeo Matroska* ou *MKV*.

Na linha de comando, digite (o **** é um caractere especial que permite dividir o comando em duas linhas):

```
mkvmerge --timecodes 0:timestamps.txt test-time.h264 \
  -o test-time.mkv
```

Agora você terá um terceiro arquivo, **test-time.mkv**. Clique duas vezes neste arquivo no gerenciador de arquivos para carregá-lo no VLC e você verá o vídeo gravado ser reproduzido sem pular ou perder nenhum quadro. Se você deseja transferir o vídeo para uma unidade removível para reprodução em outro computador você só precisa do arquivo MKV, podendo excluir os arquivos H264 e TXT.

Lembre-se sempre de salvar carimbos de data/hora em seu vídeo se quiser criar um arquivo que será reproduzido corretamente no maior número de computadores possível. Não é fácil voltar e criá-los após a gravação!

Fotografia com lapso de tempo

Há outro truque que seu módulo de câmera pode realizar: *fotografia com lapso de tempo*. Na fotografia com lapso de tempo, as fotos são tiradas durante um período de tempo em intervalos regulares, para capturar mudanças que acontecem muito lentamente para serem observadas a olho nu. É uma ótima ferramenta para observar como o clima muda ao longo do dia ou como uma flor cresce e floresce ao longo de vários meses. Você pode até usar técnicas de lapso de tempo para criar sua própria animação stop-motion!

Para iniciar uma sessão de fotografia com lapso de tempo, digite o seguinte no terminal para criar um novo diretório e mudar para ele. Isso ajuda a manter todos os arquivos capturados em um só lugar:

```
mkdir timelapse
cd timelapse
```

Em seguida, comece a capturar digitando:

```
rpicam-still --width 1920 --height 1080 -t 100000 \
   --timelapse 10000 -o %05d.jpg
```

O nome do arquivo de saída é um pouco diferente desta vez: **%05d** diz ao **rpicam-still** para usar números, começando em 00000 e contando para cima, como nome do arquivo. Sem isso, ele substituiria automaticamente as fotos mais antigas sempre que tirasse uma nova, e você teria apenas uma foto para mostrar pelos seus esforços.

As chaves **--width** e **--height** controlam a *resolução* das imagens capturadas. Nesse caso, estamos definindo as imagens com largura de 1920 pixels e altura de 1080 pixels — a mesma resolução de um arquivo de vídeo Full HD.

A chave **-t** funciona como antes, configurando um temporizador para quanto tempo a câmera deve funcionar. Neste caso, são 100.000 milissegundos (100 segundos).

Finalmente, a opção **--timelapse** informa ao **rpicam-still** quanto tempo esperar entre as fotos. Aqui está definido para 10.000 milissegundos (dez segundos). Como não tirará nenhuma foto até que os primeiros dez segundos tenham decorrido, você obterá um total de nove fotos.

Deixe **rpicam-still** em execução por 100 segundos e abra o diretório timelapse em seu gerenciador de arquivos. Você verá nove fotos individuais, cada uma marcada com um número iniciado em 00000 (**Figura 8-9**).

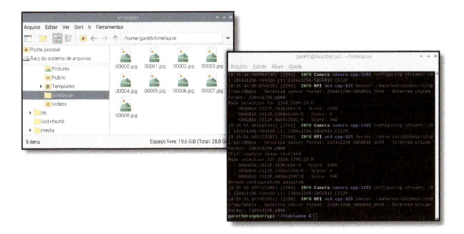

Figura 8-9   Fotos tiradas durante uma sessão de lapso de tempo

Para combinar essas imagens em uma animação, use a ferramenta **ffmpeg**. Tipo:

```
ffmpeg -r 0.5 -i %05d.jpg -r 15 animation.mp4
```

Isso diz ao ffmpeg para interpretar as imagens capturadas como se fossem um vídeo rodando a 0,5 quadros por segundo e usá-las para produzir um vídeo animado rodando a 15 quadros por segundo.

Clique duas vezes no arquivo **animation.mp4** para reproduzi-lo no VLC. Você verá cada uma das fotos tiradas aparecer uma após a outra (**Figura 8-10**).

Para tornar a animação mais rápida, tente alterar a taxa de quadros de entrada de 0,5 quadros por segundo para 1 ou mais; para torná-lo mais lento, tente diminuí-lo para 0,2 ou menos.

Por que não tentar fazer seu próprio vídeo stop-motion? Posicione os brinquedos na frente da câmera e inicie uma sessão de lapso de tempo, depois mova-os para novas posições logo após cada foto ser tirada. Lembre-se de tirar as mãos da foto antes de tirar cada foto!

Configurações avançadas da câmera

Tanto **rpicam-still** quanto **rpicam-vid** suportam uma variedade de configurações avançadas, proporcionando um controle mais preciso sobre configurações como resolução — o tamanho da imagem ou vídeo que você faz. Imagens e vídeos de resolução mais alta têm qualidade superior, mas ocupam uma quantidade

Figura 8-10   Reproduzindo uma animação timelapse

correspondentemente maior de espaço de armazenamento — portanto, tenha cuidado ao experimentar!

rpicam-still e rpicam-vid

As configurações abaixo podem ser usadas com `rpicam-still` e `rpicam-vid` adicionando-as ao comando que você digita no terminal.

`--autofocus-mode`

Configura o sistema de foco automático no Raspberry Pi Camera Module 3. As opções possíveis são: `continuous`, o modo padrão; `manual`, que desativa totalmente o foco automático; e `auto`, que executa uma única operação de foco automático quando a câmera é inicializada pela primeira vez. Esta configuração não tem efeito em outras versões do Módulo de Câmera.

`--autofocus-range`

Define o alcance do sistema de foco automático Raspberry Pi Camera Module 3. Se você achar que o sistema de foco automático está lutando para travar o assunto, alterar o alcance aqui pode ajudar. As opções possíveis são: `normal`, a configuração padrão; `macro`, que prioriza objetos próximos; e `full`, que pode focar tanto em close-up quanto em todo o horizonte.

`--lens-position`

Controla manualmente o ponto focal da lente, para uso com a configuração **`--autofocus-mode manual`**. Isto permite definir o ponto onde a lente foca usando uma unidade chamada dioptrias, que é igual a um dividido pela distância do ponto focal em metros. Para configurar a câmera para focar 0,5 m (50 cm), por exemplo, use **`--lens-position 2`**; para configurá-lo para focar em 10 m, use **`--lens-position 0.1`**. Um valor de 0,0 representa um ponto focal do infinito — o mais longe que a câmera pode focar.

`--width --height`

Define a resolução da imagem ou do vídeo. Para capturar um vídeo Full HD (1920×1080), por exemplo, use estes argumentos com **rpicam-vid**:

```
-t 10000 --width 1920 --height 1080 -o bigtest.h264
```

`--rotation`

Gira a imagem de 0 graus, o padrão, até 90, 180 e 270 graus. Se sua câmera estiver montada de forma que o cabo de fita não saia pela parte inferior, essa configuração permitirá capturar imagens e vídeos da maneira correta por cima.

`--hflip --vflip`

Inverte a imagem ou vídeo ao longo do eixo horizontal — como um espelho — e/ou eixo vertical.

`--sharpness`

Permite que a imagem ou vídeo capturado pareça mais claro aplicando um filtro de nitidez. Valores acima de 1,0 aumentam a nitidez acima do padrão; valores abaixo de 1,0 diminuem a nitidez.

`--contrast`

Aumenta ou diminui o contraste da imagem ou vídeo capturado. Valores acima de 1,0 aumentam o contraste acima do padrão. Valores abaixo de 1,0 diminuem o contraste.

`--brightness`

Aumenta ou diminui o brilho da imagem ou vídeo. Diminuir o valor do padrão de 0,0 tornará a imagem mais escura até atingir o valor mínimo de -1,0, uma imagem completamente preta. Aumentar o valor tornará a imagem mais clara até atingir o valor máximo de 1,0, uma imagem totalmente branca.

--saturation

Aumenta ou diminui a saturação de cores da imagem ou vídeo. Diminuir o valor do padrão 1,0 tornará as cores mais suaves até atingir o valor mínimo de 0,0, uma imagem completamente em tons de cinza, sem cor alguma. Valores acima de 1,0 tornarão as cores mais vibrantes.

--ev

Define um valor de compensação de exposição, de -10 a 10, controlando como funciona o controle de ganho da câmera. Normalmente, o valor padrão 0 fornece melhores resultados. Se sua câmera estiver capturando imagens muito escuras, você poderá aumentar o valor; se estiverem muito claros, diminua o valor.

--metering

Define o modo de medição para a exposição automática e os controles automáticos de ganho. O valor padrão, `centre`, geralmente fornece os melhores resultados; você pode substituir isso para escolher a medição `spot` ou `average` , se preferir.

--exposure

Alterna entre o modo de exposição padrão, `normal`, e um modo de exposição `sport` projetado para assuntos em movimento rápido.

--awb

Permite alterar o algoritmo de equilíbrio de branco automático do modo automático padrão para: `incandescent`, `tungsten`, `fluorescent`, `indoor`, `daylight`, ou `cloudy`.

rpicam-still

As seguintes opções estão disponíveis em `rpicam-still`:

-q

Define a qualidade da imagem JPEG capturada, de 0 a 100, onde 0 é a qualidade mínima e o menor tamanho de arquivo e 100 é a qualidade máxima e o maior tamanho de arquivo. A qualidade padrão é 93.

--datetime

Usa a data e hora atuais — no formato mês de dois dígitos, dia de dois dígitos, minutos, horas, segundos — como nome do arquivo de saída. Use em vez de `-o`.

`--timestamp`

Semelhante a **`--datetime`**, mas define o nome do arquivo para o número de segundos desde o início de 1970 — conhecido como *UNIX epoch*.

`-k`

Captura uma imagem estática quando você pressiona a tecla Enter, em vez de capturar automaticamente após um atraso. Se quiser cancelar uma captura, digite **x** seguido de **ENTER**. Funciona melhor com o tempo limite, **`-t`**, definido como 0. **`rpicam-vid`** tem uma opção semelhante **`-k`**, mas funciona de maneira um pouco diferente e usa a tecla Enter para alternar entre a gravação e pausando, iniciando no modo de gravação. Quando terminar, digite **x** seguido de **ENTER** para sair.

INDO MAIS FUNDO

Este capítulo aborda as opções mais comuns para os aplicativos rpicam, mas há muito mais. Um resumo técnico completo do rpicam, incluindo como ele difere dos aplicativos raspivid e raspistill mais antigos, está disponível em **rptl.io/camera-software.**

Capítulo 9

Raspberry Pi Pico e Pico W

Raspberry Pi Pico e Pico W trazem uma dimensão totalmente nova aos seus projetos de computação física.

Raspberry Pi Pico e Pico W são *placas de desenvolvimento de microcontroladores*. Eles foram projetados para fazer experiências com computação física usando um tipo especial de processador: um *microcontrolador*. Do tamanho de um chiclete, Raspberry Pi Pico e Pico W têm uma quantidade surpreendente de potência graças ao chip no centro da placa: um microcontrolador RP2040.

Raspberry Pi Pico e Pico W não foram projetados para substituir o Raspberry Pi, que é uma classe de dispositivo totalmente diferente, conhecida como computador de placa única. Você pode usar o Raspberry Pi para jogar, escrever software ou navegar na Web, como viu anteriormente neste livro. Raspberry Pi Pico foi feito para projetos de computação física, onde é usado para controlar qualquer coisa, desde LEDs e botões até sensores, motores e microcontroladores.

Você também pode realizar trabalhos de computação física com seu Raspberry Pi, graças aos pinos de entrada/saída de uso geral (GPIO), mas há vantagens em usar uma placa de desenvolvimento de microcontrolador em vez de um computador de placa única. Raspberry Pi Pico é menor, mais barato e oferece alguns recursos específicos para computação física, como temporizadores de alta precisão e sistemas de entrada/saída programáveis.

Este capítulo não foi elaborado para ser um guia completo sobre o que você pode fazer com o Raspberry Pi Pico e o Pico W, e você não precisa comprar um Pico para aproveitar ao máximo seu Raspberry Pi. Se você já possui um Raspberry Pi Pico ou Pico W, ou apenas gostaria de saber mais sobre eles, este capítulo servirá como uma introdução aos seus principais recursos.

Para uma visão completa dos recursos do Raspberry Pi Pico e do Pico W, leia o livro *Get Started with MicroPython on Raspberry Pi Pico*.

Visita guiada do Raspberry Pi Pico

Raspberry Pi Pico — "Pico" para abreviar — é muito menor até mesmo do que o Raspberry Pi Zero, o mais compacto da família de computadores de placa única Raspberry Pi. Apesar disso, inclui muitos recursos — todos acessíveis por meio dos pinos na borda da placa. Está disponível em duas versões, Raspberry Pi Pico e Pico W; você verá a diferença entre os dois mais tarde.

Figura 9-1 mostra seu Raspberry Pi Pico visto de cima. Se você olhar para as bordas mais longas, verá seções douradas com pequenos orifícios. Esses são os pinos que fornecem ao microcontrolador RP2040 conexões com o mundo externo — conhecidas como entrada/saída (E/S).

Figura 9-1   O topo da placa

Os pinos do seu Pico são muito semelhantes aos pinos que compõem o cabeçalho de entrada/saída de uso geral (GPIO) do seu Raspberry Pi — mas enquanto a maioria dos computadores de placa única Raspberry Pi vem com os pinos de metal físicos já conectados, o Raspberry Pi Pico e Pico W, não.

Se você quiser comprar um Pico com cabeçalhos montados, procure Raspberry Pi Pico H e Pico WH. Há um bom motivo para oferecer modelos sem conectores conectados: olhe para a borda externa da placa de circuito e você verá que ela é acidentada, com pequenos recortes circulares (**Figura 9-2**).

Essas saliências criam o que é chamado de *placa de circuito acastelada*, que pode ser soldada em cima de outras placas de circuito sem usar nenhum pino físico de metal. É muito útil em construções onde você precisa manter a altura ao mínimo, resultando em um projeto final menor. É muito útil em construções onde você precisa manter a altura ao mínimo, resultando em um projeto final menor.

Os orifícios para dentro das saliências são para acomodar cabeçotes de pino macho de 2,54 mm. Você os reconhecerá como o mesmo tipo de pinos usados no cabeçalho GPIO maior do Raspberry Pi. Ao soldá-los no lugar apontando para baixo, você pode inserir seu Pico em uma *placa de ensaio sem solda* para tornar a conexão e desconexão de novo hardware o mais fácil possível — ótimo para experimentos e prototipagem rápida!

O chip no centro do seu Pico (**Figura 9-3**) é um microcontrolador RP2040. Este é um *circuito integrado personalizado* (IC), projetado e construído pelo Raspberry Pi para operar como o cérebro do seu Pico e de outros dispositivos baseados em microcontroladores. Se você olhar de perto, verá o logotipo do Raspberry Pi gravado na parte superior do chip com uma série de letras e números que permitem aos engenheiros rastrear quando e onde o chip foi feito.

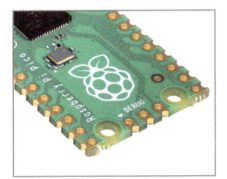

Figura 9-2
Castelação

Figura 9-3
Chip RP2040

Na parte superior do seu Pico há uma *porta micro USB* (**Figura 9-4**). Isso fornece energia para fazer seu Pico funcionar e também envia e recebe dados que permitem que seu Pico se comunique com um Raspberry Pi ou outro computador por meio de sua porta USB. É assim que você carregará programas no seu Pico.

Se você segurar o Pico e olhar de frente para a porta micro USB, verá que ele tem um formato mais estreito na parte inferior e mais largo na parte superior. Pegue um cabo micro USB e você verá que o conector é o mesmo.

O cabo micro USB só entrará na porta micro USB do seu Pico de uma maneira e virado para cima. Ao conectá-lo, não deixe de alinhar os lados estreito e largo da maneira correta — você pode danificar o seu Pico se tentar aplicar força bruta no cabo micro USB na direção errada!

Logo abaixo da porta USB há um pequeno botão marcado como "BOOTSEL" (**Figura 9-5**). "BOOTSEL" é a abreviação de *seleção de inicialização*, que alterna seu Pico entre dois modos de inicialização quando é ligado pela primeira vez. Você usará esse botão mais tarde, ao preparar seu Pico para programação.

Figura 9-4
Porta micro USB

Figura 9-5
Chave de seleção de inicialização

Na parte inferior do seu Pico há três almofadas douradas menores com a palavra "DEBUG" acima (**Figura 9-6**). Eles são projetados para depurar ou encontrar erros em programas executados no Pico, usando uma ferramenta especial chamada *depurador*. Você não precisará usar o cabeçalho de depuração no início, mas poderá achá-lo útil ao escrever programas maiores e mais complicados. Em alguns modelos Raspberry Pi Pico, os blocos de depuração são substituídos por um pequeno conector de três pinos.

Figura 9-6
Blocos de depuração

Vire seu Pico e você verá que a parte inferior está escrita nele (**Figura 9-7**). Esse texto impresso é conhecido como *camada de silk-screen* e rotula cada um dos pinos com sua função principal. Você verá coisas como "GP0" e "GP1", "GND", "RUN" e "3V3". Se você esquecer qual pino é qual, essas etiquetas lhe dirão — mas você não será capaz de vê-los quando o Pico for inserido em uma placa de ensaio, por isso imprimimos diagramas completos de pinagem neste livro para facilitar a referência.

Figura 9-7 Parte inferior etiquetada

Você deve ter notado que nem todas as etiquetas estão alinhadas com seus pinos. Os pequenos furos na parte superior e inferior da placa são furos de montagem, projetados para permitir que você fixe seu Pico em projetos de forma mais permanente, usando parafusos ou porcas e roscas. Onde os furos atrapalham a etiquetagem, as etiquetas são empurradas para cima ou para baixo no quadro: olhando para o canto superior direito. Portanto, "VBUS" é o primeiro pino à direita, "VSYS" o segundo e "GND", o terceiro.

Você também verá algumas almofadas planas douradas marcadas com "TP" e um número. Esses são pontos de teste e foram projetados para que os engenheiros verifiquem rapidamente se um Raspberry Pi Pico está funcionando depois de montado na fábrica — você não os usará sozinho. Dependendo da plataforma de teste, o engenheiro pode usar um multímetro ou osciloscópio para verificar se o seu Pico está funcionando corretamente antes de ser embalado e enviado para você.

Se você tiver um Raspberry Pi Pico W ou Pico WH, encontrará outra peça de hardware na placa: um retângulo de metal prateado (**Figura 9-8**). Este é um escudo para um módulo sem fio, como o do Raspberry Pi 4 e Raspberry Pi 5, que pode ser usado para conectar seu Pico a uma rede Wi-Fi ou a dispositivos Bluetooth. Ele está conectado a uma pequena antena que fica na parte inferior da placa — e é por isso que você encontrará os blocos de depuração ou conector mais próximos do meio da placa no Raspberry Pi Pico W e Pico WH.

Pinos de cabeçalho

Ao desembalar seu Raspberry Pi Pico ou Pico W, você notará que ele é totalmente plano. Não há pinos de metal saindo das laterais, como você encontraria no cabeçalho GPIO do Raspberry Pi ou no Raspberry Pi Pico H e Pico WH. Você pode usar as castelações para conectar seu Pico a outra placa de circuito ou para soldar os fios para um projeto onde seu Pico será permanentemente fixado.

Figura 9-8   O módulo sem fio e antena Raspberry Pi Pico W

A maneira mais fácil de usar seu Pico, porém, é conectá-lo a uma placa de ensaio — e para isso, você precisará anexar cabeçalhos de pinos. Colocar conectores de pinos no Raspberry Pi Pico requer um ferro de solda, que aquece os pinos e as almofadas para que possam ser conectados usando uma liga de metal macio chamada *solda*.

Para os projetos introdutórios deste capítulo, você não precisará conectar nenhum pino ao seu Pico. Porém, se quiser criar projetos mais complicados, você pode descobrir como soldar os pinos com segurança no capítulo 1 de *Get Started with MicroPython on Raspberry Pi Pico*. Você também pode verificar se o seu revendedor favorito do Raspberry Pi possui uma versão do Raspberry Pi Pico com os pinos do cabeçalho já soldados. Eles são conhecidos como Raspberry Pi Pico H e Raspberry Pi Pico WH para as versões padrão e Wi-Fi, respectivamente.

Instalando o MicroPython

Assim como o Raspberry Pi, você pode programar o Raspberry Pi Pico em Python. Porém, por ser um microcontrolador e não um computador de placa única, ele precisa de uma versão especial conhecida como *MicroPython*.

MicroPython funciona como o Python normal, e você pode usar o mesmo Thonny IDE usado para programar Raspberry Pi. No entanto, existem alguns recursos do Python regular ausentes no MicroPython, e outros recursos são adicionados, como bibliotecas especiais para microcontroladores e seus periféricos.

Antes de poder programar seu Pico no MicroPython, você precisa baixar e instalar o *firmware*. Comece conectando um cabo micro USB à porta micro USB do seu Pico — certifique-se de que esteja na posição correta antes de empurrá-lo com cuidado no resto do caminho.

Mantenha pressionado o botão **BOOTSEL** na parte superior do seu Pico. Em seguida, mantendo-o pressionado, conecte a outra extremidade do cabo micro USB a uma das portas USB do computador. Conte até três e solte o botão.

Depois de mais alguns segundos, você verá seu Pico aparecer como uma unidade removível, como se você tivesse conectado uma unidade flash USB ou disco rígido externo. Em um Raspberry Pi, você verá um pop-up perguntando se deseja abrir a unidade no Gerenciador de Arquivos. Certifique-se de que **Abrir no gerenciador de arquivos** esteja selecionado e clique em **OK**.

Na janela do Gerenciador de Arquivos, você verá dois arquivos em seu Pico (**Figura 9-9**): **INDEX.HTM** e **INFO_UF2.TXT**. O segundo arquivo contém informações sobre o seu Pico, como a versão do bootloader que está executando no momento. O primeiro arquivo, **INDEX.HTM**, é um link para o site do Raspberry Pi Pico. Clique duas vezes neste arquivo ou abra seu navegador e digite **rptl.io/microcontroller-docs** na barra de endereço.

Quando a página da web abrir, você verá informações sobre o Raspberry Pi Pico e Pico W. Clique na caixa MicroPython para ir para a página de download do firmware. Role para baixo até a seção denominada **Drag-and-Drop MicroPython**, conforme mostrado em **Figura 9-10**, e encontre o link para a versão do MicroPython para sua placa. Há um para Raspberry Pi Pico e Pico H, e outro para Raspberry Pi Pico W e Pico WH. Clique no link para baixar o arquivo UF2 apropriado.

Abra uma nova janela do Gerenciador de arquivos, navegue até a pasta **Downloads** e encontre o arquivo que você acabou de baixar. Ele será chamado de **rp2-pico** ou **rp2-pico-w** seguido por uma data, algum texto e números que são usados para diferenciar diferentes versões de firmware, com a extensão **uf2**.

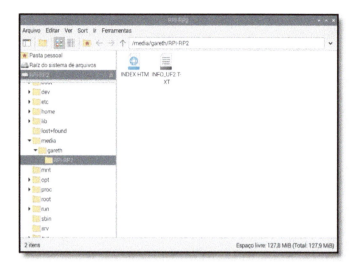

Figura 9-9   Você verá dois arquivos em seu Raspberry Pi Pico

Figura 9-10   Clique no link para baixar o firmware MicroPython

Clique e segure o botão do mouse no arquivo UF2 e arraste-o para a outra janela aberta na unidade de armazenamento removível do Pico. Passe o mouse sobre a janela e solte o botão do mouse para soltar o arquivo no Pico, conforme mostrado em **Figura 9-11**.

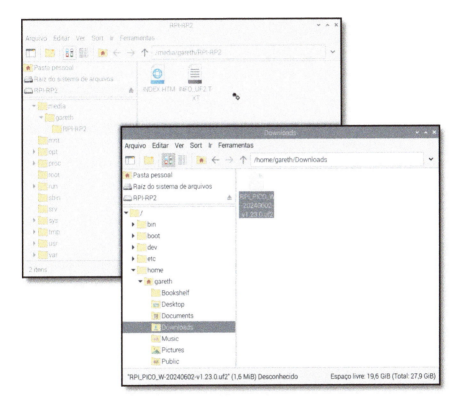

Figura 9-11 Arraste o arquivo de firmware MicroPython para seu Raspberry Pi Pico

Após alguns segundos, você verá a janela da unidade Pico desaparecer de **Gerenciador de Arquivos PCManFM, Explorer** ou **Finder,** e também poderá ver um aviso de que uma unidade foi removida sem ser ejetada. Não se preocupe, isso é assim mesmo! Quando você arrastou o arquivo de firmware do MicroPython para o seu Pico, você disse para ele atualizar o firmware em seu armazenamento interno. Para fazer isso, seu Pico sai do modo especial em que você o colocou com o botão "BOOTSEL", atualiza o novo firmware e o carrega — o que significa que seu Pico agora está executando o MicroPython.

Parabéns: agora você está pronto para começar a usar o MicroPython no seu Raspberry Pi Pico!

Os seus pins do Pico

Seu Pico se comunica com o hardware por meio de uma série de pinos ao longo de ambas as bordas. A maioria funciona como pinos de entrada/saída progra-máveis (PIO), o que significa que podem ser programados para atuar como entrada ou saída e não têm nenhuma finalidade predefinida própria até que você atribua uma. Alguns pinos possuem recursos extras e modos alternativos para comunicação com hardware mais complicado; outros têm um propósito específico, fornecendo conexões para coisas como potência.

Os 40 pinos do Raspberry Pi Pico estão rotulados na parte inferior da placa, com três também rotulados com seus números na parte superior da placa: Pino 1, Pino 2 e Pino 39. Esses rótulos principais ajudam você a lembrar como fun-ciona a numeração: O pino 1 está no canto superior esquerdo quando você olha a placa de cima, com a porta micro USB na parte superior. O pino 20 é o canto inferior esquerdo, o pino 21 é o canto inferior direito e o pino 39 está abaixo do canto superior direito com o pino 40 sem rótulo acima dele. A eti-queta na parte inferior é mais completa, mas você não conseguirá vê-la quando o seu Pico estiver conectado a uma placa de ensaio!

No Raspberry Pi Pico, os pinos são geralmente referidos por suas funções (consulte **Figura 9-12**) e não por número. Existem várias categorias de tipos de pinos, cada um com uma função específica:

- ▸ **3V3** — *alimentação de 3,3 volts* — Uma fonte de alimentação de 3,3 V gerada a partir da entrada VSYS. Esta fonte de alimentação pode ser ligada e desligada usando o pino 3V3_EN acima dela, o que também desliga o seu Pico.

- ▸ **VSYS** — *energia de ~2-5 volts* — Um pino conectado diretamente à fon-te de alimentação interna do Pico, que não pode ser desligado sem desligar também o Pico.

- ▸ **VBUS** — *alimentação de 5 volts* — Uma fonte de alimentação de 5 V re-tirada da porta micro USB do seu Pico e usada para alimentar hardware que precisa de mais de 3,3 V.

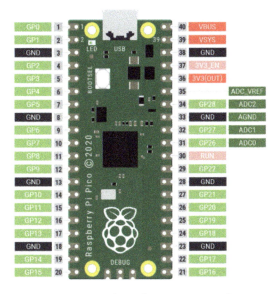

Figura 9-12 Os pinos do Raspberry Pi Pico, vistos do topo da placa

▸ **GND** — *0 volts de aterramento* — Uma conexão de aterramento, usada para completar um circuito conectado a uma fonte de energia. Vários pinos GND estão espalhados ao redor do seu Pico para facilitar a fiação.

▸ **GPxx** — *Número do pino de entrada/saída de uso geral "xx"* — Os pinos GPIO disponíveis para seu programa, rotulados de GP0 a GP28.

▸ **GPxx_ADCx** — *Pino de entrada/saída de uso geral número "xx"*, com número de entrada analógica "x" — Um pino GPIO que termina em ADC e um número pode ser usado como analógico entrada, bem como uma entrada ou saída digital — mas não ambas ao mesmo tempo.

▸ **ADC_VREF** — *Referência de tensão do conversor analógico-digital (ADC)* — Um pino de entrada especial que define uma tensão de referência para quaisquer entradas analógicas.

▸ **AGND** — *Conversor analógico-digital (ADC) 0 volts terra* — Uma conexão de aterramento especial para uso com o pino ADC_VREF.

▸ **RUN** — *Ativa ou desativa seu Pico* — O cabeçalho RUN é usado para iniciar e parar seu Pico a partir de outro microcontrolador ou outro dispositivo de controle.

Ligando Thonny ao Pico

Comece carregando Thonny: clique no menu Raspberry Pi no canto superior esquerdo da tela, mova o mouse para a seção **Desenvolvimento** e clique em **Thonny**.

Com o Pico conectado ao Raspberry Pi, clique nas palavras **Python 3 local** no canto inferior direito da janela do Thonny. Isso mostra seu intérprete atual, que é responsável por pegar as instruções digitadas e transformá-las em código que o computador, ou microcontrolador, possa entender e executar. Normalmente o intérprete é a cópia do Python rodando no Raspberry Pi, mas ele precisa ser alterado para executar os programas MicroPython no Pico.

Procure "MicroPython (Raspberry Pi Pico)" (**Figura 9-13**) na lista que aparece e clique nele. Se você não conseguir vê-lo na lista, verifique novamente se o seu Pico está conectado corretamente ao cabo micro USB e se o cabo micro USB está conectado corretamente ao seu Raspberry Pi ou outro computador.

Figura 9-13 Escolhendo um intérprete Python

> ### PROFISSIONAIS PYTHON
>
> Este capítulo pressupõe que você esteja familiarizado com o IDE Thonny e escrevendo programas Python simples. Este capítulo pressupõe que você esteja familiarizado com o IDE Thonny e em escrever programas Python simples. Se você ainda não fez isso, trabalhe nos projetos no Capítulo 5, *Programando com Python* antes de continuar com este capítulo.

Seu primeiro programa MicroPython: Olá, mundo!

Você pode verificar se tudo está funcionando da mesma maneira que aprendeu a escrever programas Python no Raspberry Pi: escrevendo um programa simples "Olá, mundo!. Primeiro, clique na área do shell do Python na parte inferior da janela do Thonny, logo à direita dos símbolos inferiores **>>>**, e digite a seguinte instrução antes de pressionar a tecla **ENTER**:

```
print("Olá, Mundo!")
```

Ao pressionar **ENTER**, você verá que seu programa começa a ser executado instantaneamente: Python responderá, na mesma área do shell, com a mensagem "**Olá, Mundo!**" (**Figura 9-14**), exatamente como você pediu. Isso ocorre porque o shell é uma linha direta para o intérprete do Python, cujo trabalho é analisar suas instruções e interpretar o que elas significam. Este modo interativo funciona da mesma forma que quando você está programando seu Raspberry Pi: as instruções escritas na área do shell são executadas imediatamente, sem demora. A única diferença: eles são enviados ao seu Pico para executá-los, e qualquer resultado — neste caso a mensagem "Olá, Mundo!" — é enviado de volta ao Raspberry Pi para ser exibido.

Você não precisa programar seu Pico (ou Raspberry Pi) no modo interativo. Clique na área do script no meio da janela do Thonny e digite sua instrução novamente:

```
print("Olá, Mundo!")
```

Ao pressionar a tecla **ENTER** desta vez, tudo o que você obtém é uma nova linha em branco na área do script. Para fazer esta versão do seu programa funcionar, você deve clicar no ícone **Executar** ● na barra de ferramentas do Thonny.

Mesmo sendo um programa simples, você vai querer adquirir o hábito de salvar seu trabalho. Antes de executar seu programa, clique no ícone **Salvar** 💾. Você

Figura 9-14 Python imprime a mensagem "Olá, Mundo!" na área do shell

terá que responder se deseja salvar seu programa em "**Este computador**", ou seja, seu Raspberry Pi ou qualquer outro computador em que você esteja executando o Thonny, ou em "**Raspberry Pi Pico**" (**Figura 9-15**). Clique em **Raspberry Pi Pico**, digite um nome descritivo como **Olá mundo.py** e clique no botão OK.

Figura 9-15 Salvando um programa no Pico

Clique no ícone **Executar** ▶ novamente. Ele será executado automaticamente no seu Pico. Você verá duas mensagens aparecerem na área do shell na parte inferior da janela do Thonny:

```
>>> %Run -c $EDITOR_CONTENT
Olá, Mundo!
```

A primeira dessas linhas é uma instrução de Thonny informando ao interpretador MicroPython em seu Pico para executar o código que está na área de script (o EDITOR_CONTENT). A segunda é a saída do programa — a mensagem que você disse ao MicroPython para imprimir. Parabéns: agora você escreveu dois programas MicroPython, nos modos interativo e de script, e os executou com sucesso no seu Pico!

Há apenas mais uma peça do quebra-cabeça: carregar seu programa novamente. Feche o Thonny pressionando o X no canto superior direito da janela no Windows ou Linux (use o botão Fechar no canto superior esquerdo da janela no macOS) e inicie o Thonny novamente. Desta vez, em vez de escrever um novo programa, clique no ícone **Carregar** na barra de ferramentas do Thonny. Você terá que responder se deseja salvá-lo em "**Este computador**" ou em "**Raspberry Pi Pico**" novamente. Clique em **Raspberry Pi Pico** e você verá uma lista de todos os programas que salvou no seu Pico.

UM PICO CHEIO DE PROGRAMAS

Quando você diz a Thonny para salvar seu programa no Pico, significa que os programas estão armazenados no próprio Pico. Se você desconectar seu Pico e conectá-lo a um computador diferente, seus programas ainda estarão onde você os salvou: no seu próprio Pico.

Encontre **Olá_mundo.py** na lista — se o seu Pico for novo, será o único arquivo lá. Clique para selecioná-lo e clique em OK. Seu programa será carregado no Thonny, pronto para ser editado ou para você executá-lo novamente.

DESAFIO: NOVA MENSAGEM

Você pode alterar a mensagem que o programa Python imprime como saída? Se você quisesse adicionar mais mensagens, usaria o modo interativo ou o modo de script? O que acontece se você remover os colchetes ou aspas do programa e tentar executá-lo de novo?

Seu primeiro programa de computação física: Olá, LED!

Assim como imprimir "Olá, Mundo" na tela é um primeiro passo fantástico no aprendizado de uma linguagem de programação, acender um LED é a introdução tradicional ao aprendizado da computação física. Você pode começar sem componentes adicionais: seu Raspberry Pi Pico tem um pequeno LED, conhecido como *LED de dispositivo de montagem em superfície (SMD)*, na parte superior.

Comece encontrando o LED: é o pequeno componente retangular à esquerda da porta micro USB na parte superior da placa (**Figura 9-16**), marcado como "LED".

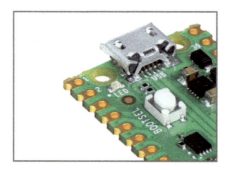

Figura 9-16
O LED integrado fica à esquerda do conector
micro USB

O LED integrado está conectado a um dos pinos de entrada/saída de uso geral do RP2040. Este é um dos pinos GPIO "ausentes" fornecidos pelo microcontrolador RP2040, mas não dividido em um pino físico na borda do seu Pico. Embora você não possa conectar nenhum hardware ao pino (além do LED integrado), ele pode ser tratado da mesma forma que qualquer outro pino GPIO em seus programas.

Clique no ícone **Novo** ✚ no Thonny e inicie seu programa com a seguinte linha:

```
import machine
```

Esta curta linha de código é fundamental para trabalhar com MicroPython em seu Pico. Ele carrega, ou *importa*, uma coleção de código MicroPython conhecida como *biblioteca* — neste caso, a biblioteca `machine`. A biblioteca `machine` contém todas as instruções que o MicroPython precisa para se comunicar com o Pico e outros dispositivos compatíveis com o MicroPython, estendendo a linguagem para computação física. Sem esta linha, você não será capaz de controlar nenhum dos pinos GPIO do seu Pico — e não será capaz de acender o LED integrado.

A biblioteca **machine** expõe o que é conhecido como *interface de programação de aplicativos (API)*. O nome parece complicado, mas descreve exatamente o que faz: fornece uma maneira para o seu programa, ou o *aplicativo*, se comunicar com o Pico por meio de uma *interface*.

A próxima linha fornece um exemplo da API da biblioteca **machine**:

```
led_onboard = machine.Pin("LED", machine.Pin.OUT)
```

Esta linha define um objeto chamado **led_onboard**, que oferece um nome amigável que você pode usar para se referir ao LED integrado posteriormente em seu programa. É tecnicamente possível usar qualquer nome aqui, mas é melhor usar nomes que descrevam a finalidade da variável, para tornar o programa mais fácil de ler e entender.

A segunda parte da linha chama a função **Pin** na biblioteca da máquina. Esta função, como o próprio nome sugere, foi projetada para lidar com os pinos GPIO do seu Pico. No momento, nenhum dos pinos GPIO sabe o que deveriam estar fazendo. O primeiro argumento, **LED**, é um *macro* especial que é atribuído ao LED integrado, que você pode usar em vez de ter que lembrar o número do seu pino. O segundo, **machine.Pin.OUT**, informa ao Pico que o pino deve ser usado como uma *saída* em vez de uma *entrada*.

Essa linha por si só é suficiente para configurar o pino, mas não acende o LED. Para fazer isso, você precisa dizer ao seu Pico para realmente ligar o pino. Digite o seguinte código na próxima linha:

```
led_onboard.value(1)
```

Esta linha também usa a API da biblioteca. Sua linha anterior criou o objeto **led_onboard** como saída no pino do LED integrado, usando macro **LED**; esta linha pega o objeto e define seu *valor* como 1 para "on". Também pode definir o valor como 0, para "off".

NÚMEROS PIN

Os pinos GPIO em seu Pico são geralmente chamados de seus nomes completos: GP25, por exemplo. No MicroPython, porém, as letras G e P são eliminadas — então, se você estiver usando o número do pino em vez do macro **LED**, certifique-se de escrever "25" em vez de "GP25" em seu programa ou ele não funcionará!

Salve o programa em seu Pico como **Blink.py** e clique no botão **Executar**. Você verá o LED acender. Parabéns: você escreveu seu primeiro programa de computação física!

Você notará, entretanto, que o LED permanece aceso. Isso ocorre porque o seu programa diz ao Pico para ligá-lo, mas nunca para desligá-lo. Você pode adicionar outra linha na parte inferior do seu programa:

```
led_onboard.value(0)
```

Mas execute o programa desta vez e o LED parece nunca acender. Isso ocorre porque o seu Pico funciona muito, muito rapidamente — muito mais rápido do que você pode ver a olho nu. O LED acende, mas por um período tão curto que parece permanecer escuro. Para corrigir isso, você precisa desacelerar seu programa introduzindo um atraso.

Volte ao início do seu programa: mova o cursor para o final da primeira linha e pressione ENTER para inserir uma nova linha. Nesta linha digite:

```
import time
```

Assim como **import machine**, esta linha importa uma nova biblioteca para o MicroPython: a biblioteca **time**. Esta biblioteca trata de tudo relacionado ao tempo, desde medi-lo até inserir atrasos em seus programas.

Clique no final da linha **led_onboard.value(1)** e pressione ENTER para inserir uma nova linha. Tipo:

```
time.sleep(5)
```

Isso chama a função **sleep** da biblioteca **time**, que faz seu programa pausar pelo número de segundos que você digitou: neste caso, cinco segundos.

Clique no botão **Executar** novamente. Desta vez, você verá o LED integrado do seu Pico acender, permanecer aceso por cinco segundos — tente contar junto — e sair novamente.

Finalmente, é hora de fazer o LED piscar. Para fazer isso, você precisará criar um loop. Reescreva seu programa para que corresponda ao abaixo:

```
import machine
import time

led_onboard = machine.Pin(LED, machine.Pin.OUT)

while True:
    led_onboard.value(1)
    time.sleep(5)
    led_onboard.value(0)
```

```
time.sleep(5)
```

Lembre-se de que as linhas dentro do loop precisam ser recuadas por quatro espaços, para que o MicroPython saiba que elas formam o loop. Clique no ícone **Executar** ▶ novamente e você verá o LED acender por cinco segundos, desligar por cinco segundos e ligar novamente, repetindo constantemente em um loop infinito. O LED continuará piscando até você clicar no ícone **Parar** ⏹ para cancelar seu programa e reiniciar seu Pico.

Há outra maneira de realizar o mesmo trabalho: usando um *alternar*, em vez de definir explicitamente a saída do LED como 0 ou 1. Exclua as últimas quatro linhas do seu programa e substitua-as para que fique assim:

```
import machine
import time

led_onboard = machine.Pin(LED, machine.Pin.OUT)

while True:
    led_onboard.toggle()
    time.sleep(5)
```

Execute seu programa novamente. Você verá a mesma atividade de antes: o LED integrado acenderá por cinco segundos, depois apagará por cinco segundos e acenderá novamente em um loop infinito. Desta vez, porém, seu programa tem duas linhas a menos: você o *otimizou*. Disponível em todos os pinos de saída digital, `toggle()` simplesmente alterna entre ligado e desligado: se o pino estiver ligado, `toggle()` desliga-o; se estiver desligado, `toggle()` liga-o.

DESAFIO: MAIS ILUMINAÇÃO

Como você mudaria o programa para fazer o LED permanecer aceso por mais tempo? Que tal ficar desligado por mais tempo? Qual é o menor atraso que você pode usar enquanto ainda consegue ver o LED piscando?

Parabéns: você aprendeu o que é um microcontrolador, como conectar o Raspberry Pi Pico ao Raspberry Pi, como escrever programas MicroPython e como alternar um LED controlando um pino no Pico!

Há muito mais para aprender sobre seu Raspberry Pi Pico: usá-lo com uma placa de ensaio, conectar hardware adicional como LEDs, botões, sensores de movimento ou telas e até mesmo fazer uso de recursos avançados como seu *conversores analógico-digital (ADCs)* e recursos de *entrada/saída programável (PIO)*. Para saber mais, obtenha uma cópia de *Get Started with MicroPython on Raspberry Pi Pico*. Está disponível em todas as boas livrarias, online e impressas.

Anexo A

Instale um sistema operacional em um cartão microSD

Você pode comprar cartões microSD com Raspberry Pi OS pré-instalado em todos os revendedores aprovados de Raspberry Pi, para que possa começar a usar o Raspberry Pi de forma rápida e fácil. Cartões microSD pré-carregados também vêm com o Raspberry Pi Desktop Kit e o Raspberry Pi 400.

Se preferir instalar o sistema operacional em um cartão microSD vazio, você pode fazer isso facilmente usando o Raspberry Pi Imager. Se você estiver usando Raspberry Pi 4, 400 ou 5, também poderá fazer download e instalar o sistema operacional pela rede diretamente em seu dispositivo.

> **AVISO!**
>
> Se você comprou um cartão microSD com Raspberry Pi OS já pré-instalado, não precisa fazer mais nada além de conectá-lo ao Raspberry Pi. Estas instruções são para instalar o Raspberry Pi OS em cartões microSD vazios ou em cartões que você deseja reaproveitar. Seguir essas instruções em um cartão microSD com arquivos excluirá esses!

Baixando Raspberry Pi Imager

Baseado no Debian, Raspberry Pi OS é o sistema operacional oficial do Raspberry Pi. A maneira mais fácil de instalar o Raspberry Pi OS em um cartão microSD para o seu Raspberry Pi é usar a ferramenta Raspberry Pi Imager, que pode ser baixada em **rptl.io/imager**.

O aplicativo Raspberry Pi Imager está disponível para computadores Windows, macOS e Ubuntu Linux, então escolha a versão relevante para o seu sistema. Se o único computador ao qual você tem acesso for o Raspberry Pi, vá para "Executando o Raspberry Pi Imager pela rede" para ver se é possível executar a ferramenta diretamente no Raspberry Pi. Caso contrário, você precisará comprar um cartão microSD com o sistema operacional já instalado de um revendedor Raspberry Pi — ou perguntar a um amigo se ele pode instalá-lo em seu cartão microSD para você.

No macOS, clique duas vezes no arquivo baixado **DMG**. Pode ser necessário alterar sua configuração de Privacidade e Segurança para permitir que aplicativos baixados da App Store e desenvolvedores identificados permitam sua execução. Você pode então arrastar o ícone **Imager** para a pasta Aplicativos.

Em um PC com Windows, clique duas vezes no arquivo baixado **EXE**. Quando solicitado, selecione o botão **OK** para permitir sua execução. Em seguida, clique no botão **Install** para iniciar a instalação.

No Ubuntu Linux, clique duas vezes no arquivo baixado **DEB** para abrir o Software Center com o pacote selecionado e siga as instruções na tela para instalar o Raspberry Pi Imager.

Agora você pode conectar seu cartão microSD ao computador. Você precisará de um adaptador USB, a menos que seu computador tenha um leitor de cartão integrado — muitos laptops têm, mas poucos desktops. Observe que o cartão microSD não precisa ser pré-formatado.

Inicie o aplicativo Raspberry Pi Imager e vá para «Gravando o sistema operacional no cartão microSD» a página 241.

Executando o Raspberry Pi Imager pela rede

Raspberry Pi 4 e Raspberry Pi 400 incluem a capacidade de executar o Raspberry Pi Imager, carregando-o pela rede sem a necessidade de usar um desktop ou laptop separado.

AVISO!

No momento em que este artigo foi escrito, a instalação em rede não era suportada no Raspberry Pi 5, mas estará disponível em uma atualização futura de firmware.

Para executar o Raspberry Pi Imager diretamente, você precisará do Raspberry Pi, um cartão microSD vazio, um teclado (se não estiver usando o teclado integrado do Raspberry Pi 400), uma TV ou monitor e um cabo Ethernet conectado a seu modem ou roteador. Observe que a instalação por meio de uma conexão Wi-Fi não é compatível.

Insira seu cartão microSD vazio no slot microSD do Raspberry Pi e conecte o teclado, o cabo Ethernet e a fonte de alimentação USB. Se você estiver reutilizando um cartão microSD antigo, mantenha pressionada a tecla **Shift** no teclado enquanto o Raspberry Pi inicializa para carregar o instalador de rede; se o seu microSD estiver em branco, o instalador será carregado automaticamente.

Ao ver a tela do instalador de rede, mantenha pressionada a tecla **Shift** para iniciar o processo de instalação. O instalador baixará automaticamente uma versão especial do Raspberry Pi Imager e a carregará em seu Raspberry Pi conforme mostrado em **Figura A-1**. Após o download, você verá uma tela exatamente como a versão autônoma do Raspberry Pi Imager, completa com opções para escolher um sistema operacional e um dispositivo de armazenamento para instalação.

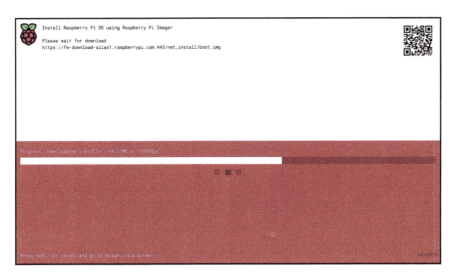

Figura A-1   Instalando o Raspberry Pi OS pela rede

Gravando o sistema operacional no cartão microSD

Clique no botão **Choose Device** para selecionar qual modelo de Raspberry Pi você possui e você verá a tela mostrada em **Figura A-2**. Encontre seu Raspberry Pi e clique nele. Em seguida, clique em **Choose OS** para selecionar qual sistema operacional você gostaria de instalar e a tela mostrada em **Figura A-3** aparecerá.

A opção principal é o Raspberry Pi OS padrão com desktop — se você preferir a versão Lite simplificada ou a versão completa ("Raspberry Pi OS com desktop e software recomendado"), selecione **Raspberry Pi OS (other)**.

Você também pode rolar a lista para baixo para ver uma variedade de sistemas operacionais de terceiros compatíveis com o Raspberry Pi. Dependendo do seu modelo de Raspberry Pi, eles podem variar de sistemas operacionais de uso geral, como Ubuntu Linux e RISC OS Pi, até sistemas operacionais personalizados para entretenimento doméstico, jogos, emulação, impressão 3D, sinalização digital e muito mais.

Perto do final da lista, você encontrará **Erase**; isso limpará o cartão microSD e todos os dados nele contidos.

Figura A-2   Escolhendo seu modelo de Raspberry Pi

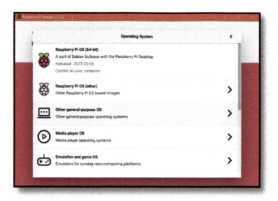

Figura A-3   Escolhendo um sistema operacional

Se houver um sistema operacional que você deseja experimentar e que não esteja na lista, você ainda pode instalá-lo usando o Raspberry Pi Imager. Basta acessar o site do sistema operacional, baixar a imagem e escolher a opção **Use custom** na parte inferior da lista Escolher sistema operacional.

Com um sistema operacional selecionado, clique no botão **Choose Storage** e selecione seu cartão microSD. Normalmente, será o único dispositivo de armazenamento da lista. Se você vir mais de um dispositivo de armazenamento — isso geralmente acontece se você tiver outro cartão microSD ou uma unidade de flash USB conectada ao computador — tome muito cuidado ao escolher o dispositivo certo ou poderá limpar sua unidade e perder todos os seus dados. Em caso de dúvida, basta fechar o Raspberry Pi Imager, desconectar todas as unidades removíveis, exceto o cartão microSD de destino, e abrir o Raspberry Pi Imager novamente.

Por fim, clique no botão **Next** e você terá que responder se deseja personalizar o sistema operacional. Se você estiver executando a versão Lite, precisará seguir esta etapa porque ela permite configurar seu nome de usuário, senha, conexão de rede sem fio e muito mais, sem a necessidade de conectar teclado, mouse e monitor.

Em seguida, o Raspberry Pi Imager solicitará que você confirme se deve escrever sobre o conteúdo do seu cartão SD e, se clicar em **OK**, ele começará. Aguarde enquanto o utilitário grava o sistema operacional selecionado em sua placa e depois o verifica. Quando o sistema operacional tiver sido gravado no cartão, você pode remover o cartão microSD do seu desktop ou laptop e inseri-lo no Raspberry Pi para inicializar o novo sistema operacional. Se você escreveu o novo sistema operacional no Raspberry Pi usando o recurso de inicialização de rede, basta desligar o Raspberry Pi e ligá-lo novamente para carregar o novo sistema operacional.

Sempre certifique-se de que o processo de gravação foi concluído antes de remover o cartão microSD ou desligar o Raspberry Pi. Se o processo for interrompido no meio, seu novo sistema operacional não funcionará corretamente. Se isso acontecer, basta iniciar o processo de gravação novamente para sobrescrever o sistema operacional danificado e substituí-lo por uma cópia de trabalho.

Anexo B

Instalando e desinstalando software

O Raspberry Pi OS vem com uma seleção de pacotes de software populares, escolhidos a dedo pela equipe do Raspberry Pi, mas esses não são os únicos pacotes que funcionarão em um Raspberry Pi. Usando as instruções a seguir, você pode procurar software adicional, instalá-lo e desinstalá-lo novamente — expandindo os recursos do seu Raspberry Pi.

As instruções neste apêndice complementam as de Capítulo 3, *Utilizar seu Raspberry Pi*, que explica como usar a ferramenta de **Recommended Software**.

Navegando pelo software disponível

Para ver e pesquisar a lista de pacotes de software disponíveis para Raspberry Pi OS usando seus *repositórios de software*, clique no ícone Raspberry Pi para carregar o menu, selecione a categoria Preferências e clique em **Add/Remove Software**. Após alguns segundos, a janela da ferramenta aparecerá conforme mostrado em **Figura B-1**.

O lado esquerdo da janela **Add/Remove Software** contém uma lista de categorias. São as mesmas categorias que você verá no menu principal ao clicar no ícone do Raspberry Pi.

Clicar em uma categoria mostrará uma lista dos softwares disponíveis para ela. Você também pode inserir um termo de pesquisa na caixa no canto superior esquerdo da janela, como "editor de texto" ou "jogo", e ver uma lista de pacotes de software correspondentes, que podem vir de qualquer categoria.

Clicar em qualquer pacote traz informações adicionais sobre ele no espaço na parte inferior da janela, conforme mostrado em **Figura B-2.**

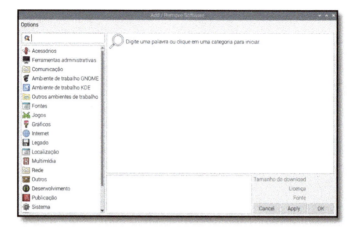

Figura B-1   A janela **Add/Remove Software**

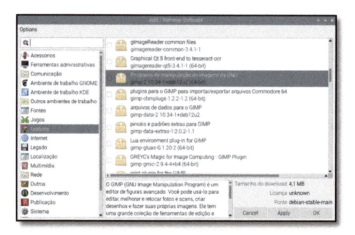

Figura B-2   Informações adicionais do pacote

Se a categoria que você escolheu tiver muitos pacotes de software disponíveis, pode levar algum tempo para que a ferramenta **Add/Remove Software** termine de trabalhar na lista.

Instalando software

Para selecionar um pacote para instalação, marque a caixa ao lado clicando nele. Você pode instalar mais de um pacote de uma vez: continue clicando para adicionar mais pacotes. O ícone próximo ao pacote mudará para uma caixa aberta com um símbolo "+", conforme mostrado em **Figura B-3**, para confirmar que ele será instalado.

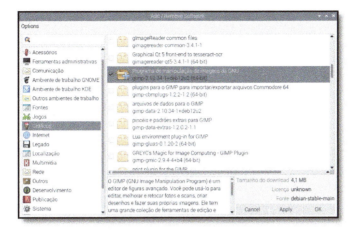

Figura B-3   Selecionando um pacote para instalação

Quando estiver satisfeito com suas escolhas, clique no botão **OK** ou **Apply**. A única diferença é que **OK** fechará a ferramenta **Add/Remove Software** quando o software for instalado, enquanto o botão **Apply** a deixa aberta. Você será solicitado a inserir sua senha (**Figura B-4**), para confirmar sua identidade — afinal, você não gostaria que ninguém pudesse adicionar ou remover software do seu Raspberry Pi!

Figura B-4   Autenticando sua identidade

Você pode descobrir que, ao instalar um único pacote, outros pacotes são instalados junto com ele. Estas são *dependências*: pacotes que o software que você escolheu instalar precisa para funcionar, como pacotes de efeitos sonoros para um jogo ou um banco de dados para acompanhar um servidor web.

Depois que o software estiver instalado, você poderá encontrá-lo clicando no ícone do Raspberry Pi para carregar o menu e escolhendo a categoria do pacote de software (consulte **Figura B-5**). Lembre-se de que a categoria do menu nem sempre é a mesma da ferramenta **Add/Remove Software** e alguns softwares não têm nenhuma entrada no menu. Este software é conhecido como *software de linha de comando*, e precisa ser executado no terminal. Para obter mais informações sobre a linha de comando e o terminal, vá para Apêndice C, *A interface de linha de comando*.

Figura B-5   Encontrando o software que você acabou de instalar

Desinstalando software

Para selecionar um pacote para remoção ou *desinstalação*, encontre-o na lista de pacotes (a função de pesquisa é útil aqui) e desmarque a caixa ao lado clicando nele. Você pode desinstalar mais de um pacote de uma vez: basta continuar clicando para remover mais pacotes. O ícone próximo ao pacote mudará para uma caixa aberta ao lado de uma pequena lixeira, para confirmar que ele será desinstalado (veja **Figura B-6**).

AVISO!

Todos os softwares instalados no Raspberry Pi OS aparecem em **Add/Remove Software**, incluindo o software necessário para a execução do Raspberry Pi. É possível remover pacotes que o desktop precisa carregar. Não desinstale itens, a menos que tenha certeza de que não precisa mais deles. Você pode reinstalar o Raspberry Pi OS seguindo as instruções em Apêndice A, *Instale um sistema operacional em um cartão microSD*.

Figura B-6   Selecionando um pacote para remoção

Como antes, você pode clicar em **OK** ou **Apply** para começar a desinstalar os pacotes de software selecionados. Você receberá a solicitação para confirmar sua senha, a menos que tenha feito isso nos últimos minutos, e também poderá ser solicitado a confirmar que deseja remover quaisquer dependências relacionadas ao seu pacote de software (consulte **Figura B-7**). Quando a desinstalação for concluída, o software desaparecerá do menu Raspberry Pi, mas os arquivos que você criou usando o software — imagens de um pacote gráfico, por exemplo, ou salvamentos de um jogo — não serão removidos.

Figura B-7   Confirmando se deseja remover dependências

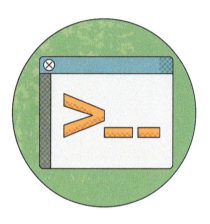

Anexo C

A interface de linha de comando

Embora você possa gerenciar a maior parte do software em um Raspberry Pi pelo desktop, alguns só podem ser acessados usando um modo baseado em texto conhecido como *interface de linha de comando (CLI)* em um aplicativo chamado Terminal. A maioria dos usuários nunca precisará usar a CLI, mas para aqueles que desejam saber mais, este apêndice oferece uma introdução.

Carregando o Terminal

A CLI é acessada por meio do Terminal, um pacote de software que carrega o que é tecnicamente conhecido como *terminal de teletipo virtual (VTY)*, um nome que remonta aos primórdios dos computadores, quando os usuários emitiam comandos por meio de uma grande máquina eletromecânica de escrever em vez de teclado e monitor. Para carregar o pacote Terminal, clique no ícone Raspberry para carregar o menu, escolha a categoria **Acessórios** e clique em Terminal. A janela Terminal aparecerá conforme mostrado na **Figura C-1**.

A janela do Terminal pode ser arrastada pela área de trabalho, redimensionada, maximizada e minimizada como qualquer outra janela. Você também pode aumentar o texto se for difícil de ver, ou minimizar se quiser deixar mais texto na janela: clique no menu **Editar** e escolha ou , ou pressione e segure as teclas **CTRL+SHIFT**, + ou -.

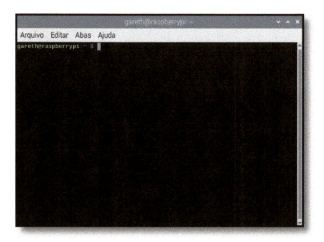

Figura C-1   A janela do Terminal

O prompt

A primeira coisa que você vê em um terminal é o *prompt*, que aguarda suas instruções. O prompt em um Raspberry Pi executando o Raspberry Pi OS é assim:

username@raspberrypi:~ $

A primeira parte do prompt, **username**, será seu nome de usuário. A segunda parte, após **@**, é o nome do host do computador que você está usando, que é **raspberrypi** por padrão. Depois de ":" vem um til, **~**, que é uma forma abreviada de se referir ao seu diretório inicial e representa seu *diretório de trabalho atual (CWD)*. Por fim, o símbolo **$** indica que seu usuário é um *usuário sem privilégios*, o que significa que você precisará elevar suas permissões antes de realizar determinadas tarefas, como adicionar ou remover software.

Locomovendo-se

Tente digitar o seguinte e pressione a tecla **ENTER**:

cd Desktop

Você verá o pormpt mudar para:

pi@raspberrypi:~/Desktop $

Isso mostra que seu diretório de trabalho atual mudou: você estava em seu diretório inicial antes, indicado pelo símbolo ~, e agora está no subdiretório **Desktop** abaixo de seu diretório inicial. Para fazer isso, você usou o comando **cd** — *alterar diretório*.

CASO CORRETO

A interface de linha de comando do Raspberry Pi OS diferencia maiúsculas de minúsculas, o que significa que é importante quando os comandos ou nomes têm letras maiúsculas e minúsculas. Se você recebeu uma mensagem "nenhum arquivo ou diretório" quando tentou alterar os diretórios, verifique se você tinha um D maiúsculo no início de **Desktop**.

Existem quatro maneiras de voltar ao seu diretório inicial: tente uma de cada vez, voltando para o subdiretório **Desktop** a cada vez. O primeiro é:

```
cd ..
```

Os símbolos .. são outro atalho, desta vez para "o diretório acima deste", também conhecido como *diretório pai*. Como o diretório acima de **Desktop** é o seu diretório inicial, você retornará para lá. Volte para o subdiretório **Desktop** e tente o segundo método:

```
cd ~
```

Isso usa o símbolo ~ e significa literalmente "mudar para meu diretório pessoal". Ao contrário de **cd ..**, que apenas leva você ao diretório pai de qualquer diretório em que você esteja, este comando funciona de qualquer lugar — mas há uma maneira mais fácil:

```
cd
```

Sem receber o nome de um diretório, **cd** retorna ao seu diretório inicial.

Há outra maneira de voltar ao seu diretório inicial (substitua **username** pelo seu nome de usuário real):

```
cd /home/username
```

Isso usa o que é chamado de *caminho absoluto*, que funcionará independentemente do diretório de trabalho atual. Então, como **cd** sozinho ou **cd ~**, isso o levará de volta ao seu diretório inicial de onde quer que você esteja. Ao contrário dos outros métodos, porém, é necessário que você saiba seu nome de usuário.

Tratamento de arquivos

Para praticar o trabalho com arquivos, mude (**cd**) para o diretório **Desktop** e digite o seguinte:

```
touch Test
```

Você verá um arquivo chamado **Test** aparecer na área de trabalho. O comando **touch** normalmente é usado para atualizar as informações de data e hora de um arquivo, mas se, como neste caso, o arquivo não existir, ele o cria.

Digite o seguinte:

```
cp Test Test2
```

Você verá outro arquivo, **Test2**, aparecer na área de trabalho. Esta é uma *cópia* do arquivo original, idêntica em todos os aspectos. Exclua-o digitando:

```
rm Test2
```

Isso *remove* o arquivo e você verá que ele desaparece.

AVISO!

Quando você exclui arquivos usando o Gerenciador de Arquivos gráfico, ele os armazena na Lixeira para recuperação posterior, caso você mude de ideia. Os arquivos excluídos usando **rm** desaparecem definitivamente e não passam pela lixeira. Digite com cuidado!

A seguir, digite:

```
mv Test Test2
```

Este comando *move* o arquivo, e você verá seu arquivo **Test** original desaparecer e ser substituído por **Test2**. O comando mover, **mv**, pode ser usado assim para renomear arquivos.

Porém, quando você não está na área de trabalho, ainda precisa ver quais arquivos estão em um diretório. Tipo:

```
ls
```

Este comando *lista* o conteúdo do diretório atual ou de qualquer outro diretório que você fornecer. Para obter mais detalhes, incluindo listar arquivos ocultos e relatar os tamanhos dos arquivos, tente adicionar algumas opções:

```
ls -larth
```

Essas opções controlam o comando `ls`: `l` alterna sua saída para uma longa lista vertical; **a** diz para mostrar todos os arquivos e diretórios, incluindo aqueles que normalmente estariam ocultos. A opção **r** inverte a ordem de classificação normal; **t** classifica por hora de modificação, que combinado com **r** fornece os arquivos mais antigos no topo da lista e os arquivos mais recentes na parte inferior. E **h** usa tamanhos de arquivo legíveis.

Executando programas

Alguns programas só podem ser executados na linha de comando, enquanto outros possuem interfaces gráficas e de linha de comando. Um exemplo deste último é a ferramenta de configuração de software Raspberry Pi, que você normalmente carregaria no menu de ícones do Raspberry.

Para experimentar o uso da Ferramenta de Configuração de Software na linha de comando, digite:

```
raspi-config
```

Você verá uma mensagem de erro informando que o software só pode ser executado como *root*, a conta de superusuário do Raspberry Pi, devido ao status da sua conta de usuário como usuário sem privilégios. Também lhe dirá como executar o software como root, digitando:

```
sudo raspi-config
```

A parte **sudo** do comando significa *switch-user do* e informa ao Raspberry Pi OS para executar o comando como usuário root. A ferramenta de configuração do software Raspberry Pi aparecerá conforme mostrado em **Figura C-2**.

Você só precisará usar **sudo** quando um programa precisar de *privilégios* elevados, como ao instalar ou desinstalar software ou ajustar configurações do sistema. Um jogo, por exemplo, nunca deve ser executado usando **sudo**.

Figura C-2   A ferramenta de configuração de software Raspberry Pi

Pressione a tecla **TAB** duas vezes para selecionar Concluir e pressione **ENTER** para sair da ferramenta de configuração do software Raspberry Pi e retornar à interface da linha de comando. Por fim, digite:

```
exit
```

Isso encerrará sua sessão da interface de linha de comando e fechará o aplicativo Terminal.

Usando os TTYs

O aplicativo Terminal não é a única maneira de usar a interface de linha de comando: você também pode alternar para um dos vários terminais já em execução, conhecidos como *teletipos* ou *TTYs*. Segure as teclas **CTRL** e **ALT** no teclado e pressione a tecla **F2** para mudar para tty2 (veja **Figura C-3**).

Figura C-3   Um dos TTYs

Você precisará fazer login novamente com seu nome de usuário e senha, após o qual poderá usar a interface de linha de comando como no aplicativo Terminal. Usar esses TTYs é útil quando, por algum motivo, a interface principal da área de trabalho não está funcionando.

Para sair do TTY, pressione e segure **CTRL+ALT** e pressione **F7**: a área de trabalho reaparecerá. Pressione **CTRL+ALT+F2** novamente e você voltará para tty2 — e tudo o que você estava executando nele ainda estará lá.

Antes de mudar novamente, digite:

```
exit
```

Em seguida, pressione **CTRL+ALT+F7** para voltar à área de trabalho. A razão para sair antes de sair do TTY é que qualquer pessoa com acesso ao teclado pode mudar para um TTY e, se você ainda estiver conectado, poderá acessar sua conta sem precisar saber sua senha!

Parabéns: você deu os primeiros passos para dominar a interface de linha de comando do Raspberry Pi OS!

Anexo D

Leitura adicional

O Guia oficial para iniciantes do Raspberry Pi foi projetado para você começar a usar o Raspberry Pi, mas não é de forma alguma uma visão completa de tudo o que você pode fazer. A comunidade Raspberry Pi é global e vasta, com pessoas que os utilizam para tudo, desde jogos e aplicações de detecção até robótica e inteligência artificial. Você encontrará muita inspiração por aí.

Cada página deste apêndice destaca algumas fontes de ideias de projetos, planos de aula e outros materiais que funcionam como uma excelente próxima etapa, agora que você já leu o *Guia para iniciantes*.

Estante

Raspberry Pi icon > Help > Bookshelf

Figura D-1   O aplicativo Bookshelf

Bookshelf (mostrado na **Figura D-1**) é um aplicativo incluído no Raspberry Pi OS que permite navegar, baixar e ler versões digitais de publicações do Raspberry Pi Press. Carregue-o clicando no ícone do Raspberry Pi, selecione Ajuda e clique em **Bookshelf**; em seguida, navegue em uma variedade de revistas e livros, todos gratuitos para baixar e ler quando quiser.

Novidades do Raspberry Pi

raspberrypi.com/news

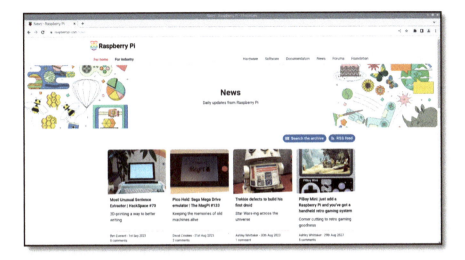

Figura D-2   Notícias sobre o Raspberry Pi

Todos os dias da semana, você encontrará um novo artigo cobrindo anún-
cios sobre novos computadores e acessórios Raspberry Pi, as atualizações
de software mais recentes e resumos de projetos comunitários, bem como
atualizações de publicações da Raspberry Pi Press, incluindo The MagPi
(**Figura D-2**).

Projetos Raspberry Pi

rpf.io/projects

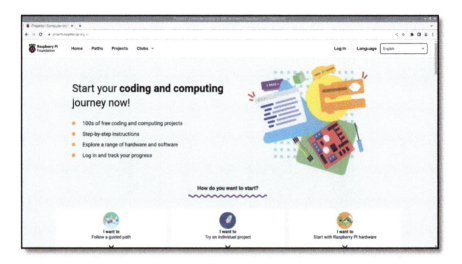

Figura D-3   Projetos Raspberry Pi

O site oficial Raspberry Pi Projects da Raspberry Pi Foundation (**Figura D-3**) oferece tutoriais passo a passo de projetos em diversas categorias, desde criar jogos e músicas até criar seu próprio site ou Robô movido a Raspberry Pi. A maioria dos projetos também estão disponível em vários idiomas e cobre uma variedade de níveis de dificuldade adequados para todos, desde iniciantes até criadores experientes.

Raspberry Pi Educação

rpf.io/education

Figura D-4   O site educacional Raspberry Pi

O site oficial do Raspberry Pi Education (**Figura D-4**) oferece boletins informativos, treinamento online e projetos concebidos para educadores. O site também contém links para recursos adicionais, incluindo programas de treinamento gratuitos, programas de codificação conduzidos por voluntários Code Club e CoderDojo e muito mais.

Os fóruns do Raspberry Pi

rptl.io/forums

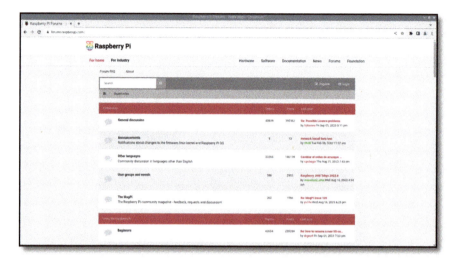

Figura D-5 Os fóruns do Raspberry Pi

Os Fóruns do Raspberry Pi, mostrados na **Figura** D-5, são onde os fãs do Raspberry Pi podem se reunir e conversar sobre tudo, desde questões para iniciantes até tópicos profundamente técnicos — e há até uma área "fora do tópico" para bate-papo geral!

Revista MagPi

magpi.cc

Figura D-6   The MagPi revista

A revista oficial Raspberry Pi, *The MagPi* é uma publicação mensal que cobre tudo, desde tutoriais e guias até análises e notícias, apoiada em grande parte pela comunidade mundial Raspberry Pi (**Figura D-6**). Cópias estão disponíveis em todas as boas bancas de jornais e supermercados, e também podem ser baixadas digitalmente gratuitamente sob a licença Creative Commons. *The MagPi* também publica livros e bookazines sobre diversos temas, que estão disponíveis para compra em formato impresso ou para download gratuito.

Anexo E

Ferramenta de configuração Raspberry Pi

A ferramenta de configuração Raspberry Pi é um pacote poderoso para ajustar as configurações do Raspberry Pi, desde as interfaces disponíveis para os programas até a maneira como você controla o Raspberry Pi em uma rede. No entanto, pode parecer um pouco assustador para os recém-chegados, por isso este anexo vai guiá-lo através de cada uma das configurações e explicar o que elas fazem.

> **AVISO!**
>
> A menos que você saiba que precisa alterar uma configuração específica, é melhor deixar a ferramenta de configuração do Raspberry Pi como está. Se você estiver adicionando novo hardware ao Raspberry Pi, como um HAT de áudio, as instruções deverão informar qual configuração alterar; caso contrário, as configurações padrão geralmente devem ser deixadas como estão.

Você pode carregar a ferramenta de configuração Raspberry Pi no menu Raspberry Pi, na categoria **Preferências**. Também pode ser executado a partir da interface de linha de comando ou de um terminal usando o comando `raspi-config`. Os layouts da versão de linha de comando e da versão gráfica são diferentes, com opções aparecendo em categorias diferentes, dependendo da versão que você usa. Este apêndice é baseado na versão gráfica.

Guia do System

A guia System (**Figura E-1**) exibe opções que controlam as configurações do sistema Raspberry Pi OS.

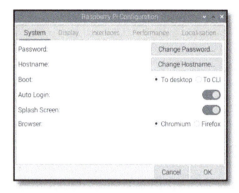

Figura E-1   Guia do System

> ▸ **Password** — Clique no botão **Change Change Password** para definir uma nova senha para sua conta de usuário atual.

> ▸ **Hostname** — O nome do host é o nome pelo qual um Raspberry Pi se identifica nas redes. Se você tiver mais de um Raspberry Pi na mesma rede, cada um deles deverá ter um nome exclusivo. Clique no botão **Change Hostname** para escolher um novo.

> ▸ **Boot** — Definir como **To Desktop** (o padrão) carrega a área de trabalho familiar do Raspberry Pi OS; defini-lo como **To CLI** carrega a interface de linha de comando conforme descrito em Apêndice C, *A interface de linha de comando.*

> ▸ **Auto Login** — Quando ativado (o padrão), o Raspberry Pi OS carregará a área de trabalho sem a necessidade de digitar seu nome de usuário e senha.

> ▸ **Splash Screen** — Quando ativado (o padrão), as mensagens de inicialização do Raspberry Pi OS ficam ocultas atrás de uma tela inicial gráfica.

> ▸ **Browser** — Permite alternar entre o Chromium do Google (o padrão) e o Firefox da Mozilla como seu navegador padrão.

Guia Display

A guia Display (**Figura E-2**) mostra configurações que controlam como a tela é exibida.

Figura E-2 Guia Display

▸ **Screen Blanking** — Esta opção permite ativar e desativar o apagamento da tela. Quando ativado, seu Raspberry Pi deixará a tela preta se você não o usar por alguns minutos; isso protege sua TV ou monitor de qualquer dano que possa ser causado pela exibição de uma imagem estática por longos períodos.

▸ **Headless Resolution** — Esta opção controla a resolução da área de trabalho virtual quando você usa o Raspberry Pi sem um monitor ou TV conectado — algo conhecido como *operação sem cabeça*.

Guia Interfaces

A guia Interfaces (**Figura E-3**) exibe as configurações que controlam as interfaces de hardware em seu Raspberry Pi.

Figura E-3   Guia Interfaces

- ▸ **SSH** — Ativa ou desativa a interface Secure Shell (SSH). Ele permite que você abra uma interface de linha de comando no Raspberry Pi de outro computador na sua rede usando um cliente SSH.

- ▸ **VNC** — Habilita ou desabilita a interface Virtual Network Computing (VNC). Ele permite que você visualize a área de trabalho do seu Raspberry Pi de outro computador na sua rede usando um cliente VNC.

- ▸ **SPI** — Habilita ou desabilita a Interface Periférica Serial (SPI), usada para controlar certos componentes que se conectam aos pinos GPIO.

- ▸ **I2C** — Habilita ou desabilita a interface do Circuito Interintegrado (I²C), usada para controlar determinados componentes que se conectam aos pinos GPIO.

- ▸ **Serial Port** — Habilita ou desabilita a porta serial do Raspberry Pi, disponível nos pinos GPIO.

- ▸ **Serial Console** — Habilita ou desabilita o console serial, uma interface de linha de comando disponível na porta serial. Esta opção só estará disponível se a configuração Porta serial acima estiver habilitada.

- ▸ **1-Wire** — Habilita ou desabilita a interface 1-Wire, usada para controlar alguns complementos de hardware que se conectam aos pinos GPIO.

- ▸ **Remote GPIO** — Ativa ou desativa um serviço de rede que permite controlar os pinos GPIO do Raspberry Pi de outro computador na sua rede usando a biblioteca GPIO Zero (**gpiozero.readthedocs.io**).

Guia Performance

A guia Performance (**Figura E-4**) mostra configurações que controlam o desempenho do seu Raspberry Pi.

Figura E-4 Guia Performance

▶ **Overlay File System** — Permite bloquear o sistema de arquivos do Raspberry Pi para que as alterações sejam feitas apenas em um disco virtual mantido na memória, em vez de serem gravadas no cartão microSD, para que suas alterações sejam perdidas e você volte a um estado limpo sempre que reiniciar.

Os modelos de Raspberry Pi anteriores ao Raspberry Pi 5 também terão as seguintes opções disponíveis:

▶ **Case Fan** — Permite ativar ou desativar uma ventoinha de resfriamento opcional ligado ao conector GPIO do Raspberry Pi, projetado para manter o processador resfriado em ambientes mais quentes ou sob carga extrema. Uma ventoinha compatível para a caixa oficial Raspberry Pi 4 está disponível em **rptl.io/casefan**.

▶ **Fan GPIO** — A ventoinha de resfriamento normalmente está conectada ao pino 14 do GPIO. Se você tiver algo mais conectado a este pino, poderá escolher outro pino GPIO aqui.

▶ **Fan Temperature** — A temperatura mínima, em graus Celsius, na qual o ventilador deve girar. Até que o processador do Raspberry Pi atinja essa temperatura, a ventoinha permanecerá desligada para manter o silêncio.

Guia **Localisation**

A guia Localisation (**Figura E-5**) contém configurações que controlam em qual região seu Raspberry Pi foi projetado para operar, incluindo configurações de layout de teclado.

Figura E-5 A guia Localisation

- **Locale** — Permite que você escolha sua localidade, uma configuração do sistema que inclui idioma, país e conjunto de caracteres. Observe que alterar o idioma aqui apenas alterará o idioma exibido em aplicativos para os quais há tradução disponível e não afetará nenhum documento que você criou ou baixou.

- **Timezone** — Permite escolher seu fuso horário regional, selecionando uma área do mundo seguida pela cidade mais próxima. Se o seu Raspberry Pi estiver conectado à rede, mas o relógio estiver mostrando a hora errada, geralmente isso é causado pela escolha do fuso horário errado.

- **Keyboard** — Permite que você escolha o tipo, idioma e layout do teclado. Se você descobrir que o teclado exibe letras ou símbolos errados, você pode corrigi-lo aqui.

- **Wireless LAN Country** — Permite definir seu país para fins de regulamentação de rádio. Certifique-se de selecionar o país no qual seu Raspberry Pi está sendo usado: selecionar um país diferente pode impossibilitar a conexão a pontos de acesso LAN sem fio próximos e pode ser uma violação da lei de transmissão. Um país deve ser definido antes que o rádio LAN sem fio possa ser usado.

Anexo F

Especificações do Raspberry Pi

Os componentes e recursos de um computador são suas *especificações*, e uma análise das especificações fornece as informações necessárias para comparar dois computadores. Essas especificações podem parecer confusas. Você não precisa conhecê-lasou entendê-las para usar um Raspberry Pi, mas elas estão incluídas aqui para o leitor curioso.

Raspberry Pi 5

O sistema no chip (SoC) do Raspberry Pi 5 é um Broadcom BCM2712, que você verá escrito em sua tampa de metal se olhar bem de perto. Ele apresenta quatro núcleos de unidade de processamento central (CPU) Arm Cortex-A76 de 64 bits, cada um rodando a 2,4 GHz, e uma unidade de processamento gráfico (GPU) Broadcom VideoCore VII para tarefas de vídeo e para trabalhos de renderização 3D, como jogos, rodando a 800 MHz.

O SoC está conectado a 4 GB ou 8 GB de RAM LPDDR4X (Low-Power Double-Data-Rate 4) (memória de acesso aleatório) que funciona a 4.267 MHz. Esta memória é compartilhada entre o processador central e o processador gráfico. O slot para cartão microSD suporta até 512 GB de armazenamento.

A porta Ethernet suporta conexões de até gigabit (1000 Mbps, 1000-Base-T), enquanto o rádio suporta redes Wi-Fi 802.11ac rodando nas bandas de frequência de 2,4 GHz e 5 GHz, conexões Bluetooth 5.0 e Bluetooth Low Energy (BLE).

O Raspberry Pi 5 possui duas portas USB 2.0 e duas portas USB 3.0 para periféricos. Ele também possui um conector para uma única pista PCI Express (PCIe) 2.0 de alta velocidade. Usando um acessório HAT opcional, este conector pode ser usado para adicionar armazenamento de unidade de estado sólido (SSD) M.2 de alta velocidade, aceleradores para aprendizado de máquina (ML) e visão computacional (CV) e outros hardwares.

Raspberry Pi 4 e 400

▸ **CPU** — Arm Cortex-A72 quad-core de 64 bits (Broadcom BCM2711) a 1,5 GHz ou 1,8 GHz (Raspberry Pi 400)

▸ **GPU** — VideoCore VI a 500 MHz

▸ **RAM** — 1 GB, 2 GB, 4 GB (Raspberry Pi 400) ou 8 GB de LPDDR4

▸ **Networking** — 1 × Gigabit Ethernet, banda dupla 802.11ac, Bluetooth 5.0, BLE

▸ **Saídas de áudio/vídeo** — Conector AV analógico de 1 × 3,5 mm (somente Raspberry Pi 4), 2 × micro-HDMI 2.0

▸ **Conectividade periférica** — 2 × portas USB 2.0, 2 × portas USB 3.0, 1 × CSI (somente Raspberry Pi 4), 1 × DSI (somente Raspberry Pi 4)

▸ **Armazenamento** — 1 × microSD de até 512 GB (16 GB no kit Raspberry Pi 400)

▸ **Alimentação** — 5 V a 3 A via USB C, PoE (com HAT adicional, somente Raspberry Pi 4)

▸ **Extras** — cabeçalho GPIO de 40 pinos

Raspberry Pi Zero 2 W

▸ **CPU** — Arm Cortex-A53 quad-core de 64 bits a 1 GHz (Broadcom BCM2710)

▸ **GPU** — VideoCore IV a 400 MHz

▸ **RAM** — 512 MB de LPDDR2

▸ **Rede** — 802.11b/g/n de banda única, Bluetooth 4.2, BLE

▸ **Saídas de áudio/vídeo** — 1 × Mini-HDMI

- ▸ **Conectividade periférica** — 1 × porta micro USB OTG 2.0, 1 × CSI

- ▸ **Armazenamento** — 1 × microSD de até 512 GB

- ▸ **Alimentação** — 5 volts a 2,5 amperes via micro USB

- ▸ **Extras** — cabeçalho GPIO de 40 pinos (não preenchido)

www.ingramcontent.com/pod-product-compliance
Lightning Source LLC
LaVergne TN
LVHW011803070326
832902LV00026B/4617